海 军 重 点 建 设 教 材

《化学原理与应用》配套实验教材

大学化学实验

魏 徵　李红霞 ◎主编

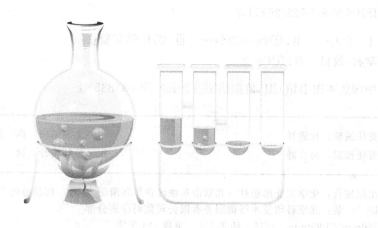

化学工业出版社

·北京·

《大学化学实验》是海军重点建设教材《化学原理与应用》（余红伟主编，魏徵、晏欣副主编，化学工业出版社）的配套实验教材。本书共分为四章，第一章为大学化学实验的基础知识，介绍有关化学实验数据的记录、处理及误差分析，常用玻璃仪器的洗涤和干燥等化学实验的基础知识；第二章为基本实验，紧贴大学化学教学基本内容，突出化学实验的基本操作和基本技能；第三章为综合实验，围绕大学化学教学基本内容进行综合设计，培养学生综合运用所学知识分析和解决问题的能力；第四章为化学与舰船实验，反映了海军舰船装备中重要的化学问题，主要包括舰船用水和舰艇用油相关性质的测试，这是本书的特色。

　　《大学化学实验》适用于海军院校大学化学课程教学使用，也适于高等院校化学化工类各专业师生使用。

图书在版编目（CIP）数据

大学化学实验/魏徵，李红霞主编. —北京：化学工业出版社，2016.4（2025.2重印）
ISBN 978-7-122-26311-7

Ⅰ.①大⋯　Ⅱ.①魏⋯②李⋯　Ⅲ.①化学实验-高等学校-教材　Ⅳ.①O6-3

中国版本图书馆 CIP 数据核字（2016）第 031835 号

责任编辑：杜进祥　　　　　　　　　　　文字编辑：向　东
责任校对：吴　静　　　　　　　　　　　装帧设计：韩　飞

出版发行：化学工业出版社（北京市东城区青年湖南街 13 号　邮政编码 100011）
印　　装：北京科印技术咨询服务有限公司数码印刷分部
710mm×1000mm　1/16　印张 7¼　字数 134 千字
2025 年 2 月北京第 1 版第 4 次印刷

购书咨询：010-64518888　　　　　　　　售后服务：010-64518899
网　　址：http://www.cip.com.cn
凡购买本书，如有缺损质量问题，本社销售中心负责调换。

定　　价：20.00 元

前 言

　　根据大学化学教学改革的要求，结合大学化学教学内容，借鉴兄弟院校化学实验教学的实践，在我校大学化学实验讲义的基础上，突出我校教学的特色，我们编写了这本教材。本教材与余红伟主编的《化学原理与应用》教材配套使用。同时也具有相对的独立性。

　　在教材编写中，我们力求做到体系和内容的创新。全书共分为四章，即基础知识、基本实验、综合实验和化学与舰船实验。基本实验强调化学实验的基本操作和基本技能；综合实验在实验设计和知识内容上强调综合，同时也锻炼学员综合运用所学知识分析和解决问题的能力；化学与舰船实验反映了海军舰船装备中重要的化学问题，主要包括舰船用水和舰艇用油相关性质的测试，这是本教材的特色。

　　本教材由魏徵和李红霞主编，肖玲、王轩和余红伟为副主编。第一、二章由魏徵、李红霞、余红伟编写，第三章由魏徵、李红霞、肖玲编写，第四章由魏徵、王轩编写，附录由王轩编写，全书由魏徵统稿，本教材编写过程中，海军工程大学王源升教授提出了许多宝贵意见并审阅了书稿。同时，本教材得到了"海军院校和士兵训练机构教材重点建设项目"的支持和海军工程大学教育科研课题（NUE2015214）的资助，特别是得到了海军工程大学训练部装备处的支持，在此一并感谢。

　　本教材参考了许多已出版的教材和文献，在此向所有参考书和文献的作者们表示最诚挚的谢意。

　　由于编者水平的限制，书中不妥之处在所难免，敬请读者和专家批评指正。

编者
2015 年 10 月于武汉

目 录

绪　　论

　　化学是一门以实验为基础的学科。在大学化学教学中，实验教学是不可缺少的一个重要组成部分，是培养学员独力操作、观察记录、分析归纳、撰写报告等多方面能力的重要环节。因此，应当十分重视实验教学。

一、大学化学实验的目的

　　大学化学实验的主要目的可以归纳为以下几点：

　　① 使课堂中讲授的重要理论和概念得到验证、巩固和充实，并适当地扩大知识面。大学化学实验不仅能使理论知识形象化，还能说明这些理论和规律在应用时的条件、范围和方法，较全面地反映化学现象的复杂性和多样性。

　　② 培养学员正确地掌握一定的实验操作技能。有正确的操作，才能得出准确的数据和结果，而后者又是正确结论的主要依据。因此，化学实验中基本操作的训练具有极其重要的意义。

　　③ 培养学员独立思考和独立工作的能力。学员需要学会联系课堂讲授的知识仔细地观察和分析实验现象，认真地处理数据并概括现象，从中得出结论。

　　④ 培养学员的科学工作态度和习惯。科学工作态度是指实事求是的作风，忠实于所观察到的客观现象。如发现实验现象与理论不符时，应检查操作是否正确或所用的理论是否合适等。科学工作习惯是指操作正确、观察细致、安排合理等，这些都是做好实验的必要条件。

二、大学化学实验的要求

　　为达到大学化学实验的教学目标，学员需要认真做到以下几个要求：

1. 认真预习

　　充分预习实验教材是保证做好实验的一个准备环节，是做好实验的前提，为确保实验质量，学员必须完成以下内容：

　　① 通过认真学习实验教材的有关章节，参阅相关教科书和基本资料，了解该实验的目的，掌握实验原理和实验的内容，明确注意事项。

② 了解实验所涉及的基本操作方法。

③ 了解实验涉及的仪器设备的使用方法。

2. 实验

实验是培养学生独立工作能力和思考能力的重要环节，学员必须认真独立地完成实验规定的全部内容。

① 实验课上，教员会对实验内容进行讲解、操作示范或总结、讲评，学员必须认真听讲并领会，对一些重点和注意事项还应该做好笔记，对不理解的问题及时提问。

② 按照教材内容认真操作、细心观察，如实记录实验现象和原始数据。

③ 在实验中遇到疑难问题或者反常现象时，不要随意放弃，应该认真分析原因，在教员指导下重做或者补做实验内容。因为从疑惑问题或反常现象中会学到书本上没有的知识，也会增强解决问题的能力。

④ 实验中要自觉养成良好的科学习惯，始终保持整洁、有条不紊的工作作风，自觉遵守实验室规则，注意安全，节约水、电和药品，爱护仪器和设备。

3. 完成实验报告

实验报告是实验的总结，必须认真完成。写好实验报告是培养学生思维能力、书写能力和总结能力的有效方法。实验报告要求格式正确、报告完整、书写工整、作图和数据处理规范。实验报告的内容包括：实验目的、实验原理、实验操作步骤、实验记录（包括实验现象、原始记录）、实验结果（包括对实验现象进行分析和解释，写出相关反应的化学方程式、对原始数据进行处理）、问题和讨论（包括对实验中发现的问题提出自己的见解，对实验内容和方法的改进意见）等。

三、大学化学实验的安全守则

化学药品中有很多是易燃、易爆炸、有腐蚀性或有毒的，所以在实验室应充分了解安全注意事项。在实验时，应在思想上十分重视安全问题，集中注意力，遵守操作规程，以避免事故的发生。

① 加热试管时，不要将试管口指向自己或别人，不要俯视正在加热的液体，以免液体溅出而受到伤害。

② 嗅闻气体时，应用手轻拂气体，扇向自己后再嗅。

③ 使用酒精灯，应随用随点燃，不用时盖上灯罩。不要用已点燃的酒精灯去点燃别的酒精灯，以免酒精溢出而失火。

④ 浓酸、浓碱具有强腐蚀性，切勿溅在衣服、皮肤上，尤其勿溅到眼睛上。稀释浓硫酸时，应将浓硫酸慢慢倒入水中，而不能将水向浓硫酸中倒，以免迸溅。

⑤ 乙醚、乙醇、丙酮、苯等有机易燃物质，安放和使用时必须远离明火，取用完毕后应立即盖紧瓶塞和瓶盖。

⑥ 能产生有刺激性或有毒气体的实验，应在通风橱内（或通风处）进行。

⑦ 有毒药品（如重铬酸钾、钡盐、铅盐、砷的化合物、汞的化合物等，特别是氰化物）不得进入口内或接触伤口，也不能将有毒药品随便倒入下水道。

⑧ 实验室内严禁饮食和吸烟。实验完毕，应洗净双手后，才离开实验室。

四、意外事故的处理

① 若因酒精、苯或乙醚引起着火，应立即用湿布或砂土等扑灭。若遇电气设备着火，必须先切断电源，再用二氧化碳或四氯化碳灭火器灭火（实验室应备有灭火设备）。

② 遇有烫伤事故，可用高锰酸钾或苦味酸溶液揩洗灼伤处，再涂上凡士林或烫伤油膏。

③ 若在眼睛或皮肤上溅着强酸或强碱，应立即用大量水冲洗，然后相应地用碳酸氢钠溶液或硼酸溶液冲洗（若溅在皮肤上最后还可涂些凡士林）。

④ 若吸入氯、氯化氢气体，可立即吸入少量酒精和乙醚的混合蒸气以解毒；若吸入硫化氢气体而感到不适或头晕时，应立即到室外呼吸新鲜空气。

⑤ 被玻璃割伤时，伤口内若有玻璃碎片，须先挑出，然后抹上红药水并包扎。

⑥ 遇有触电事故，首先应切断电源，然后在必要时，进行人工呼吸。

⑦ 对伤势较重者，应立即送医院医治，任何延误都可能使治疗变得复杂和困难。

第一章　大学化学实验的基础知识

化学实验要进行许多定量的测量，有些是直接测定的，有些是根据实验数据测算出来的。要得到正确的实验数据，就必须掌握误差和有效数字的问题。

一、实验数据的记录

实验数据记录包括实验名称、日期、实验条件（如室温、大气压力等）、仪器型号、试剂名称与级别、溶液的浓度以及直接测量的数据（包括数据的符号和单位）。

数据记录一定要做到准确完整、条理分明、实事求是，切忌带主观因素，绝对不能随意拼凑和伪造数据。如果在实验中发现数据错误而需要改动，则可以将该数据划去，将正确的数据写在旁边，切勿乱涂乱画。这样做的目的是为了保留原始数据，方便日后查找。

记录实验数据时，保留几位有效数字应和所用仪器的准确程度相适应。例如，用万分之一的分析天平称量时，数据应当记录至 0.0001g，滴定管和移液管的读数应该记录至 0.01mL。

实验记录上的每一个数据都是测量结果，所以重复测量时，即使数据完全相同，也应该记录下来。记录时，文字记录，应简明扼要；数据记录，应尽可能采用表格形式。实验过程中涉及的各种特殊仪器的型号和标准溶液浓度等，也应及时、准确地记录下来。

二、有效数字

在实验过程中，遇到的数字有以下两类：

一类是数目，如测定次数、倍数、系数等，这类数字为非测量所得，是足够精确的，不存在准确度的问题。如，化学反应中各物质的物质的量的变化关系是按化学计量数进行的（如 H_2SO_4 与 NaOH 之间按 1∶2 进行反应），1g＝1000mg 等，这"2""1000"是足够准确的。

另一类是测量值或计算值，数据的位数与测定准确度有关。记录的数字不仅表示数量的大小，而且要正确地反映测量的精确程度。

实验中经常需要对某些物理量（如质量、体积等）进行测量，从中获得一些数值。而数值表示得正确与否，直接关系到实验的最终结果是否合理。

1. 有效数字的意义和位数

从仪器上能直接读出（包括最后一位估计读数在内）的几位数字叫做有效数字（所谓有效数字，就是在一个数中，除最后一位是不确定的外，其余各数都是确定的。具体来说，有效数字就是实际上能测到的数字）。显然实验数值的有效数字与测量用的仪器的精密度有关。例如，某物体在台式天平上称量得 5.6g，由于台式天平的精密度为 0.1g，因此物体的质量为 5.6g±0.1g，它的有效数字是 2 位。如果该物体在分析天平上称量，得 5.6155g，由于分析天平的精密度为 0.0001g，因此该物体的质量为 5.6155g±0.0001g，它的有效数字是 5 位。又如，用滴定管量取液体，能估计到 0.01mL，若其读数为 23.43mL，它的有效数字是 4 位。

可见在有效数字中最后一位是估读数字。因此任何超过或低于仪器精密度的有效数字的数字都是不恰当的。例如，前述滴定管读数为 23.43mL，不能当作 23.430mL，也不应当作 23.4mL，因为前者夸大了实验的准确度，而后者缩小了实验的准确度。

有效数字的位数可以用表 1-1 所列的几个数值来说明。

表 1-1　有效数字的位数

数值	23.00	23.0	23	0.2030	0.0203	0.0023
有效数字的位数	4 位	3 位	2 位	4 位	3 位	2 位

可以看出，数字 1～9 都是有效数字，而"0"是否为有效数字，应视具体情况而定。①如果"0"在数字的前面，它只表示数值中小数点的位置，而不是有效数字；②如果"0"在数字中间，则表示一定的数量，是有效数字；③如果"0"在数字后面，一般也是有效数字。但像数值 23000 中的 3 个"0"是否为有效数字，容易产生误解，应该按照测量所得的精密度，采用科学表示法表示。若表示为 $2.3×10^4$，这时是 2 位有效数字；若表示为 $2.300×10^4$，则是 4 位有效数字。

对数中的有效数字：pH、pc、lgK 等对数值，其有效数字的位数仅取决于小数部分数字的位数，因整数部分只说明该数的方次。例如溶液中氢离子浓度 $b(H^+)＝6.8×10^{-3}mol·kg^{-1}$，其 pH 值为

$$pH=-\lg[b(H^+)/b^\ominus]=-\lg(6.8\times10^{-3})=3-0.83=2.17$$

这是由于真数 6.8×10^{-3} 的有效数字位数为 2 位，其对数的尾数只能取 2 位有效数字 (0.83)，其首数 3 来自被认为是足够准确的负指数，所以 pH 值的有效数字实际的位数应是 2 位 (0.17)，而不是 3 位。

2. 有效数字的运算

在计算过程中，有效数字的取舍也很重要。计算结果必须遵循运算法则，并对有效数字按"四舍六入五留双"规则进行取舍。现就加减、乘除运算法则加以说明。

（1）有效数字的加减法

计算结果的有效数字的位数应与各加减数值中绝对误差最大的或小数点后位数最少的相同。例如，$24.2+8.34\times10^3+1.362\times10^3=9726.2$，这 3 个相加的数值中，$8.34\times10^3$ 的绝对误差最大（不可靠的数字"4"是十位数），它的有效数字是 3 位，所以这 3 个数值之和的有效数字只能是 3 位，上述计算结果中的个位和十分位（小数点后第一位）已是没有意义的，经舍弃后应表示为 9.73×10^3。

又如：$0.0121+1.0568+25.64=26.71$，而不是 26.7089，显然，这三个数值之和只应保留到小数点后第二位，因为第三个数值 25.64 的"4"已经不十分准确，再保留小数点后第三位数字是没有意义的。在计算中，也可先采用四舍六入五留双的规则，弃去有效数字过多的数字，再进行计算。例如，上述三个数值之和可简单写为：$0.01+1.06+25.64=26.71$。

（2）有效数字的乘除法

计算结果的有效数字的位数应与相对误差最大的或各数值中有效数字的位数最少的相同，而与小数点的位置无关。例如，0.0121、1.0568 和 25.64 这三个数值相乘时，其积应为 $0.0121\times1.06\times25.6=0.328$。各数值的有效数字都只要保留 3 位，因为第一个数值（0.0121）只有 3 位有效数字，是所有数值中有效数字位数最少的一个。

三、实验数据的处理方法

1. 列表法

列表法是将一组实验数据的自变量和因变量的各个数值按照一定的形式和顺序列出来，列表时要注意以下几点：

① 表头写出表的序号及表的名称；

② 表内各行或列写出数据的名称及量纲，数据的名称用符号表示，例如，压力 p/Pa；

③ 表中的数值用最简单的形式表示，公共的乘方因子应放在栏头注明；

④ 每行数字要排列整齐，对齐小数点，并注意有效数字的位数。

2. 作图法

作图是将原始数据通过正确的作图方法画出合适的曲线（或直线），形象而且准确地表示出原始数据之间的关系，如极大、极小和转折点等；其次可以利用曲线（或直线），求外推值、内插值等。作图也存在着作图误差，所以作图技术的好坏也将影响实验结果的准确性。下面介绍作图的一般步骤及作图规则。作图法表示实验数据如图 1-1 所示。

（1）坐标轴和比例的选择

作图必须在坐标纸上完成。一般以自变量为横坐标轴，因变量为纵坐标轴，横坐标轴与纵坐标轴的读数并不一定要从零开始，视具体情况而定。坐标轴上的比例尺的选择极为重要。由于曲线形状将随比例尺的改变而改变，若比例选择不当，可使曲线的某些相当于极大、极小或转折点的部分表达不清楚。比例尺的选择应遵循下列规则：

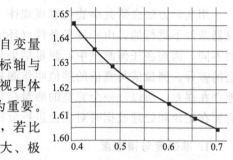

图 1-1　作图法表示实验数据

① 各坐标的比例和分度原则上应与原始数据的测量精密度一致。如温度纵坐标每小格（1mm）应为 0.1K，与实验用的温度计精密度一致；时间横坐标每10 小格为 60s。不要过分夸大或缩小各坐标的作图精度。

② 坐标纸每小格所对应的数值应便于迅速、简便地读出和计算，一般多用1、2 或 5 的倍数，因为这些数值易于描点和读出；而不采用 3、6、7 或 9 的倍数。

③ 在上述条件下，应尽量充分利用图纸的全部面积，使实验数据均匀分布于全图，而不要使各点过分集中或偏于一隅。若作出的图形是一直线时，则直线与横坐标的夹角应在 45°左右为宜，角度过大或过小都会带来较大的作图误差。

（2）坐标轴的绘画

选定比例尺后，画上坐标轴，在轴旁注明该坐标轴所代表变量的名称和单位。如测定反应焓变的实验中图的纵坐标轴名称为温度 T，单位为 K；横轴名称为时间 t，单位为 s。在纵坐标轴的左面和横坐标轴的下面每隔一定距离标出该处变量对应的数值，以便作图及读数。

（3）原始数据点的标出

原始数据点（又称为实验点）在坐标纸上应明显标出。在要求较高的作图中，可用⊙、△、◇等标记，标记的中心应与原始数据的坐标相重合，其面积之大小应代表测量的精密度。

（4）曲线的绘制

用曲线板或曲线尺（有时也可用直尺）给出的曲线或直线，应尽可能接近（或贯穿）大多数的实验点（并非要求贯穿所有的点），并使处于曲线或直线两边的实验点的数目大致相等，这样描出的曲线或直线能较好地反映出实验测量的总体情况，且力求曲线光滑（一般情况不允许画成折线）。

四、误差

用实验方法去研究事物的客观规律，总是在一定的环境（温度、湿度等）和仪器条件下进行的，由于测量条件（环境、温度、湿度等）的变化以及仪器精度的不同，因而在任何测量中，测量结果与待测量客观存在的真值之间总存在着一定的差异。测量值与真值的差值叫作测量误差，简称误差。任何测量都不可避免地存在误差，所以，一个完整的测量结果应该包括测量值和误差两个部分。这就需要在记录和处理数据时对误差进行分析。

1. 准确度与精密度

在定量的分析测定中，对于实验结果的准确度都是有一定要求的。当然，绝对的准确是没有的。实验过程中，即使是实验技术很熟练的工作者，用最完美的分析方法和最精密的仪器，其结果也不会完全准确，客观上总是存在着难以避免的误差。所谓准确度就是指测量值与真值的偏离程度。衡量准确度高低的尺度是误差。误差越小，准确度越高；误差越大，准确度越低。在实验中，常在相同的条件下，对同一样品平行测定几次，如果几次测定值彼此比较接近，就说明实验结果的精密度高。精密度是指测定值与平均值的接近程度，衡量精密度高低的尺度是偏差。偏差越小，精密度越高；偏差越大，精密度越低。准确度和精密度是两个不同的概念。准确度高，要求精密度一定高；但精密度好，准确度不一定高。准确度反映了测量结果的正确性；精密度反映了测量结果的重现性。

例如，A、B、C 三人标定某 HCl 标准溶液的浓度，其准确浓度为 $0.1234 \text{mol} \cdot \text{kg}^{-1}$，其测定结果如表 1-2 所示。

表 1-2　HCl 溶液浓度的测定结果　　　　　单位：$\text{mol} \cdot \text{kg}^{-1}$

项目	A 的数据 b	B 的数据 b	C 的数据 b
1	0.1210	0.1230	0.1231
2	0.1211	0.1261	0.1233
3	0.1212	0.1286	0.1232
平均值	0.1211	0.1259	0.1232
真实值	0.1234	0.1234	0.1234
差值	0.0023	0.0025	0.0002

A 的分析结果，精密度高，但准确度低；B 的分析结果，精密度和准确度都比较低，C 的分析结果，精密度与准确度都比较高。

一般的，精密度是准确度的必要条件，因此，在进行实验时，一定要严格控制实验条件，认真仔细地操作，以得到精密度较高的数据。

真实值一般是不可知的，通常以几种正确的测量方法和经过校正的仪器进行多次测量，然后算出算术平均值，以算术平均值和文献上的公认值作为真实值使用。

2. 误差的表示方法

误差可以用绝对误差和相对误差表示。

绝对误差表示测定值与真实值之差，即

$$绝对误差\ E = 测得值\ X - 真实值\ \mu$$

相对误差表示绝对误差与真实值之比，即误差在真实值中占的百分数，为

$$相对误差\ E_r = \frac{绝对误差\ E}{真实值\ \mu} \times 100\%$$

在上例中，A、B、C 三人测定结果的误差在真实值中所占的百分数见表 1-3。

表 1-3　测定结果的误差在真实值中所占的百分数

项目	绝对误差	相对误差
A	$(0.1211 - 0.1234) \text{mol} \cdot \text{kg}^{-1} = -0.0023 \text{mol} \cdot \text{kg}^{-1}$	$(-0.0023/0.1234) \times 100\% = -1.9\%$
B	$(0.1259 - 0.1234) \text{mol} \cdot \text{kg}^{-1} = +0.0025 \text{mol} \cdot \text{kg}^{-1}$	$(+0.0025/0.1234) \times 100\% = +2.0\%$
C	$(0.1232 - 0.1234) \text{mol} \cdot \text{kg}^{-1} = -0.0002 \text{mol} \cdot \text{kg}^{-1}$	$(-0.0002/0.1234) \times 100\% = -0.16\%$

3. 误差产生的原因及减少的方法

引起误差的原因很多。一般可将误差分为系统误差和偶然误差两类。

（1）系统误差

在相同的条件下多次测量同一物理量时，测量误差的大小和符号保持恒定，或者在条件改变时，测量误差按照某一确定的规律而变，这种测量误差称为系统误差。系统误差的来源主要有如下 3 种。

① 仪器和试剂误差　这是由于仪器本身的缺陷或没有按规定条件使用仪器而造成的。如仪器的零点不准，仪器未调整好，外界环境（光线、温度、湿度、电磁场等）对测量仪器的影响等所产生的误差。

② 方法误差　这是由于测量所依据的理论公式本身的近似性，或实验条件不能达到理论公式所规定的要求，或者是实验方法本身不完善所带来的误差。例如热学实验中没有考虑散热所导致的热量损失，伏安法测电阻时没有考虑电表内阻对实验结果的影响等。

③ 个人误差　这是由于观测者个人感官和运动器官的反应或习惯不同而产生的误差，它因人而异，并与观测者当时的精神状态有关。

（2）偶然误差

在相同的条件下多次测量同一物理量时，每次测量的结果都有些不同，它们围绕着某一个数值上下无规则的变动，其误差符号时正时负，其误差的绝对值时大时小，这种误差称之为偶然误差。造成偶然误差的原因主要有：

① 实验者对于仪器最小分度值以下的估读，很难做到严格相同。

② 测量仪器的某些活动部件所指示的测量结果，在重复测量时很难每次完全相同，这种现象在使用年久或质量较差的电学仪器时较为明显。

③ 暂时无法控制的某些实验条件的变化，也会引起测量结果不规则的变化，如许多物质的物理化学性质与温度有关，实验测定过程中，温度必须控制恒定，但温度恒定总是有一定限度，在这个限度内，温度仍然不规则变动，导致测量结果也发生不规则的变动。

可通过校正减少系统误差，通过多次平行测定减少偶然误差。

第二节　常用玻璃仪器的洗涤和干燥

一、仪器的洗涤

做化学实验时要经常使用玻璃仪器和瓷器。在进行实验时，为了得到准确的结果，各种器皿在实验前都要进行清洗。

为了提高洗涤效率，在洗涤器皿时应掌握"少量多次"的原则。即洗涤时，每次使用少量洗涤液，洗后倒尽，再多洗几次。

洗涤仪器的方法很多，应当根据实验的要求，污物的性质和沾污的程度来选择。一般说来，附着在仪器上的污物可能有可溶性物质、油污、尘土和其他不溶性物质，针对这些情况，可以分别用下列方法洗涤。

1. 用水刷洗

可以洗去可溶性物质，又可以使附着在仪器上的尘土和其他不溶性物质脱落下来。

2. 用去污粉或合成洗涤剂刷洗

由于去污粉中含有碳酸钠，它与合成洗涤剂一样，都能够除去仪器上的油污。去污粉中还含有白土和细砂，刷洗时起摩擦作用，使洗涤的效果更好。但是具有刻度的量器不能用去污粉洗涤。

3. 用粗浓盐酸洗

可以洗去附在器壁上的氧化剂，如二氧化锰。

4. 用铬酸洗液洗

这种洗液是由等体积的浓硫酸倒入饱和的重铬酸钾溶液配制而成的。它具有很强的氧化性，对有机物和油污的去除能力特别强。

铬酸洗液也可用另一种方法配制：称取 10g 工业用重铬酸钾（$K_2Cr_2O_7$，俗名红矾）于烧杯中，加入 30mL 热水，溶解后冷却，一边搅拌一边慢慢加入 170mL 浓 H_2SO_4（加入时要注意安全），冷却备用，溶液呈暗红色。

用洗液洗涤仪器时，先往仪器内加入少量洗液（其用量约为仪器总容量的 1/5），然后将仪器倾斜并慢慢转动，使仪器的内壁全部为洗液润湿，这样反复操作，最后将洗液倒回原瓶内，再用水把残留在仪器上的洗液洗去。如果用洗液把仪器浸泡一段时间或者用热的洗液洗，则效率更高。

洗液的吸水性很强，应该随时把装洗液的瓶子盖严，以防吸水，降低去污能力。当洗液出现绿色时（＋3 价铬离子的颜色），就失去了去污能力，不能继续使用。

$$Cr_2O_7^{2-} + 14H^+ + 6e^- = 2Cr^{3+} + 7H_2O$$
$$\text{（暗红）} \qquad\qquad\qquad\qquad \text{（绿）}$$

洗净的仪器，将其倒置时，其器壁上应只留一层薄而均匀的水膜但无水珠存在。否则仪器未洗干净。

已经洗净的仪器，不能用布或纸擦拭，因为布或纸的纤维会留在壁上沾污仪器。

二、仪器的干燥

洗涤的仪器如需干燥可采用以下方法。

1. 烘干

洗净的仪器可以放在电热干燥箱（也叫烘箱）内烘干。但放进去之前应尽量将水倒净。放置仪器时，应注意使仪器的口朝上。

2. 烤干

烧杯和蒸发皿可以放在石棉网上用小火烤干。试管可以直接用小火烤干，操作时，试管要略为倾斜，管口向下，并不时来回移动试管，直到把水蒸气赶尽为止。

3. 吹干

用吹风机的热风将仪器吹干。

带有刻度的计量仪器不能用加热的方法进行干燥，因为加热会影响仪器的精密度。

第三节　试剂及其取用

化学药品（试剂）规格的划分，各国不一致。我国化学药品的等级划分如表 1-4 所示。

表 1-4　化学药品的等级划分

我国习惯上的等级	保证试剂 GR	分析纯 AR	化学纯 CP	实验试剂 LR
全国统一化学试剂质量标准	一级品	二级品	三级品	四级品

对于不同的化学药品，各种规格要求的标准不同。但总的说来，保证试剂（一级品，Guaranteed reagent）杂质含量最低，纯度最高，适合于精确分析及研究用。分析纯（二级品，Analytical reagent）及化学纯（三级品，Chemical pure）试剂适合于一般的分析及研究用。在普通化学实验中一般采用价格低廉的实验试剂（四级品，Laboratory reagent）。

固体试剂盛在广口瓶内，液体试剂则盛在细口瓶或滴瓶中。见光易分解的试剂（如硝酸银、高锰酸钾等）应装在棕色的试剂瓶内。装碱液的瓶子不应使用玻璃塞，而要使用软木塞或橡皮塞。每一个试剂瓶上都应贴上标签，以表明试剂的名称、规格和配制时间。

取用药品前，应看清标签。取用时，如果瓶塞顶是扁平的，瓶塞取出后可倒置在桌上；如果瓶塞顶不是扁平的，可用食指和中指（或中指和无名指）将瓶塞夹住（或放在清洁的表面皿上），绝不可将它横置桌上。固体药品需用清洁、干燥的药匙（塑料、玻璃或牛角的）取用，不得用手直接拿取。

液体药品一般可用量筒量取。量筒是用来量取对液体体积不需十分精确的量器。量筒的容量有 10mL、25mL、50mL、100mL 等规格，可根据需要来选用。用量筒量取液体时，应左手持量筒，并以大拇指指示在所需体积刻度处；右手持药品瓶（药品标签应在手心处），瓶口紧靠量筒口边缘，慢慢注入液体（如图 1-2 所示）到所指刻度。

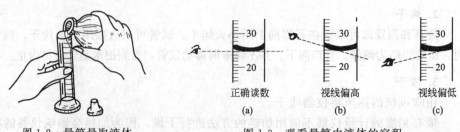

正确读数　　　　视线偏高　　　　视线偏低
(a)　　　　　　　(b)　　　　　　　(c)

图 1-2　量筒量取液体　　　　　图 1-3　观看量筒内液体的容积

　　读取刻度时,视线应与量筒内液体弯月面的最低处保持水平,偏高或偏低都会读不准而造成较大的误差。图 1-3 中正确读数为 25.0mL,视线偏高或偏低时,会误读为 26.0mL 或 23.5mL。

　　液体药品也可用滴管吸取。用滴管将液体滴入试管中时,应用左手垂直地拿持试管,右手持滴管橡皮头将滴管放在试管口的正中上方(图 1-4),然后挤捏滴管的橡皮头,使液体滴入试管中。绝不可将滴管伸入试管中(图 1-5),否则,滴管口易沾上试管壁上的其他液体,如果再将此滴管放入药品瓶中,则会沾污该瓶中的药品。若所用的是滴瓶中的滴管,使用后应立即插回原来的滴瓶中。不得把沾有液体药品的滴管横置或将滴管口向上斜放,以免液体流入滴管的橡皮头。

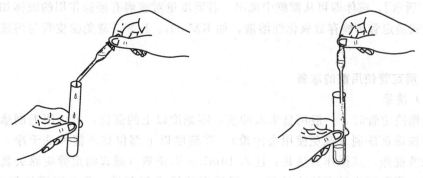

图 1-4　用滴管加少量液体药品的正确操作　　图 1-5　用滴管加少量液体药品的不正确操作

　　药品取用后,必须立即将瓶塞盖好。实验室中药品瓶的安放,一般均有一定的次序和位置,不得任意改动。若需移动药品瓶,使用后应立即放回原处。

第四节　滴定分析仪器

　　滴定分析是化学定量分析中最常用、最基本的分析方法,通常采用的仪器主要有滴定管、容量瓶、移液管和锥形瓶。

一、滴定管

　　滴定管主要是滴定时用来精确度量液体的量器,它的主要部分管身用细长而且内径均匀的玻璃管制成,上面刻有均匀的分度线(线宽不超过 0.3mm),下端的流液口为一尖嘴,中间通过玻璃旋塞或乳胶管连接以控制滴定速度。通常实验室中见到的有具塞和无塞滴定管。常用的是 10mL、25mL、50mL 容量的滴定管。

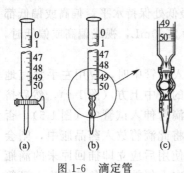

图1-6　滴定管

滴定管根据阀门的不同一般分为两种（如图1-6所示）：一种是酸式滴定管，它的阀门是玻璃活塞［如图1-6（a）所示］；另一种是碱式滴定管，它的阀门是玻璃小球［如图1-6（b）所示］。对于酸式滴定管，旋转玻璃活塞（切勿将活塞横向移动，以致活塞松开或脱出，使液体从活塞旁边漏失），可使液体沿活塞当中的小孔流出，酸式滴定管不能盛放碱性溶液，因磨口玻璃旋塞会被碱性溶液腐蚀，而难以转动；对于碱式滴定管，用大拇指与食指稍微捏挤玻璃小球旁侧的乳胶管，使之形成一隙缝［如图1-6（c）所示］，液体即可从隙缝中流出。若要度量对玻璃有侵蚀作用的液体如碱液，碱式滴定管不能存放氧化性溶液，如$KMnO_4$、I_2等，避免橡皮管与溶液起反应。

1. 滴定管使用前的准备

（1）洗涤

洗涤滴定管时，一般用自来水冲洗，零刻度以上的部位，可以用毛刷蘸肥皂水或洗涤剂洗刷（避免使用去污粉）；零刻度以下部位如不能冲洗干净，则采用洗液洗涤，其操作方法是：注入10mL左右洗液（碱式滴定管应除去乳胶管，套上废乳胶头后再注入洗液），双手平托滴定管两端，管口对准洗液瓶，不断转动滴定管，使洗液润洗滴定管内壁（太脏时，可浸泡一段时间），然后将洗液分别从管两端全部放回洗液瓶。最后用自来水冲洗干净，并用适量的去离子水润洗2～3次。洗净的滴定管等玻璃量器，其内壁应能被水均匀湿润而不挂水珠。

（2）涂凡士林

活塞涂凡士林的方法如图1-7所示，酸式滴定管洗净后，取下旋塞，将滴定管平放，用吸水纸擦干净旋塞与旋塞槽，用手指沾少量凡士林在旋塞的两头，涂上薄薄一层。在旋塞孔附近应少涂凡士林，以免堵住旋塞孔。注意，涂油太多会堵住旋塞孔，涂油太少则达不到转动灵活与防漏的目的。涂凡士林后，将旋塞孔与滴定管平行插入旋塞套中，不转动旋塞，以免凡士林被挤压到旋塞孔中，塞紧

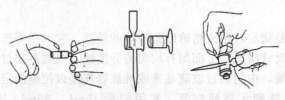

图1-7　活塞涂凡士林的方法

旋塞并同向旋转几下，使凡士林涂布均匀，观察旋塞与旋塞槽接触的地方是否都呈透明状态、转动是否灵活。为避免活塞被碰松动脱落，涂凡士林后的滴定管应在活塞末端套上小橡皮圈。

（3）检漏

酸式滴定管应将旋塞关闭，将滴定管装满水后垂直架放在滴定管夹上，放置2min，观察管口及旋塞两端是否有水渗出。随后再将旋塞转动180°，再放置2min，看是否有水渗出。若前后两次均无水渗出，旋塞转动也灵活，则可使用，否则应将旋塞取出，重新按上述要求涂凡士林并检漏后方可使用。碱式滴定管应选择大小合适的玻璃珠和橡皮管，并检查滴定管是否漏水，液滴是否能灵活控制，如不合要求则重新调换大小合适的玻璃珠。

（4）装入操作溶液

加入操作溶液时，应用待装溶液先润洗滴定管，以除去滴定管内残留的水分，确保操作溶液的浓度不变。为此，先注入操作溶液约10mL，然后两手平端滴定管，慢慢转动，使溶液流遍全管，打开滴定管的旋塞（或捏挤玻璃珠），使润洗液从出口管的下端流出。如此润洗2～3次后，即可加操作溶液于滴定管中。注意检查旋塞附近或橡皮管内有无气泡，如有气泡，应排除。酸式滴定管可转动旋塞，使溶液急速冲下排除气泡；碱式滴定管则可将橡皮管向上弯曲，并用力捏挤玻璃珠所在处，使溶液从尖嘴喷出，即可排除气泡。排除气泡后，加入操作溶液，使之在"0"刻度以上，等1～2min后，再调节液面在0.00mL刻度处，备用。滴定时最好每次都从0.00mL开始，或从接近"0"的任一刻度开始。这样可固定在滴定管某一体积范围内滴定，减少体积误差。如液面不在0.00mL处，则应记下初读数。

2. 滴定操作

滴定最好在锥形瓶中进行，必要时也可在烧杯中进行。酸式滴定管滴定操作的姿势如图1-8所示，用左手控制滴定管的旋塞，大拇指在前，食指和中指在后，无名指略微弯曲，轻轻向内扣住旋塞，手心空握，以免旋塞松动，甚至顶出旋塞。右手握持锥形瓶，边滴边摇动，向同一方向做圆周旋转，而不能前后振动，否则会溅出溶液。滴定速度一般为10mL·min^{-1}，即每秒3～4滴。临近滴定终点时，应一次加入一滴或半滴，并用洗瓶吹入少量水淋洗锥形瓶内壁，使附着的溶液全部落下，然后摇动锥形瓶，如此继续滴定至准确达到终点为止。

使用碱式滴定管时，左手拇指在前、食指在后，捏住橡皮管中的玻璃珠所在部位稍上处，捏挤橡皮管，使其与玻璃珠之间形成一条缝隙，溶液即可流出。但注意不能捏挤玻璃珠下方的橡皮管，否则空气会进入而形成气泡。滴定读数时，若发现尖嘴内有气泡必须小心排除（如图1-9所示）。

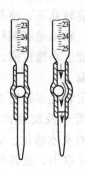

图 1-8 酸式滴定管滴定操作   图 1-9 碱式滴定管

3. 滴定读数时的注意事项

① 滴定管应垂直地夹在滴定台上，操作者要坐正或站正，由于一般滴定管夹不能使滴定管处于垂直状态，所以可从滴定管夹上将滴定管取下，一手拿住滴定管上部无刻度处，使滴定管保持自然垂直再进行读数。视线与零线或弯液面（滴定读数时）在同一水平面上。

② 对于无色溶液或浅色溶液，应读取弯月面下缘实线的最低点，即视线与弯月面下缘实线的最低点应在同一水平面上（如图 1-10 所示）；对于有色溶液，如 $KMnO_4$、I_2 溶液等，视线应与液面两侧与管内壁相交的最高点相切。

③ 为了协助读数，可采用读数卡，这种方法有利于初学者练习读数。读数卡可用黑纸或涂有黑长方形的白纸。读数时，将读数卡放在滴定管背后，使黑色部分在弯月面下约 1 mm 处，此时即可看到弯月面的反射层成为黑色，然后读此黑色弯月面下缘的最低点（如图 1-11 所示）。

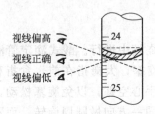
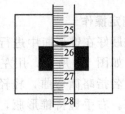

视线偏高

视线正确

视线偏低

图 1-10 滴定管的正确读数法   图 1-11 使用黑白读数卡读数

④读数必须精确至 0.01mL。如读数为 21.24mL。

实验完毕后，滴定溶液不宜长时间放在滴定管中，应将管中的溶液倒掉，滴定管用水洗净后再放入仪器柜或倒夹在滴定管架上。

二、容量瓶

容量瓶是一种带有磨口玻璃塞或塑料塞细颈梨形的平底瓶（如图 1-12 所示）。容量瓶的颈部有一刻度线，在标示温度下，当瓶内溶液的液面（呈弯月面）

恰好与这一刻度线相切时，瓶内溶液的体积就是容量瓶上所标示的体积。容量瓶主要用于准确配制一定体积的标准溶液或试液，常与分析天平、移液管等配合使用。容量瓶的规格有 50mL、100mL、250mL 等。

1. 容量瓶使用前的准备

（1）洗涤

使用容量瓶配制准确浓度的标准溶液时，要先把容量瓶洗净，通常依次分别用洗液、自来水和去离子水洗净。洗净的容量瓶其内壁应不挂水珠，水均匀润湿容量瓶的内壁。

（2）检漏

容量瓶使用前应检查是否漏水，方法是注入自来水至标线附近，盖好瓶塞，右手拿住瓶底，左手食指压住瓶塞，将瓶倒立，观察瓶塞周围是否渗水，如不漏水即可使用。

2. 操作方法

（1）溶解

把准确称量的一定量固体溶质放入已分别用自来水、去离子水洗净的烧杯中，并加入少量去离子水使其溶解。

（2）定量转移

把溶解所得溶液按图 1-13 所示的方法转移，一手拿玻璃棒，并将它伸入瓶中约 3～4cm，一手拿烧杯，烧杯嘴紧靠玻璃棒，慢慢倾斜烧杯，使溶液沿玻璃棒流下。倾倒完溶液后，杯沿玻璃棒直立起来上移 1～2cm，并将玻璃棒小心放回烧杯中，但不得靠在烧杯嘴上。可用食指卡住玻璃棒，以免玻璃棒来回滚动。然后用少量蒸馏水冲洗烧杯及玻璃棒 3～4 次，洗涤液全部转入容量瓶。若溶解试样时，为防止溶解时发生喷溅使用了玻璃表皿，则玻璃表皿朝溶液的一面也应用蒸馏水冲洗几次，洗涤液倒入烧杯中，再转入容量瓶。

橡皮筋

　　图 1-12　容量瓶　　　　图 1-13　溶液定量转移操作　　　图 1-14　混匀操作

（3）定容

当溶液盛至约 3/4 容积时，应将容量瓶摇晃做初步混匀，但切勿倒置容量瓶。最后，继续加水稀释，当瓶内溶液液面快接近刻度线时，应该改用乳头滴管小心逐滴地把去离子水加到刻度线，这时瓶内溶液弯月面应与刻度线相切。塞紧磨口瓶塞，用右手食指按住瓶塞，其他四指拿住瓶颈，倒转过来，使气泡上升到顶（如图 1-14 所示），把容量瓶上下来回翻转，并不时地摇动，使配制的溶液浓度完全均匀。

若是浓溶液稀释，则直接用移液管转移定量溶液至容量瓶，再用蒸馏水稀释定容。

3. 容量瓶使用时的注意事项

① 容量瓶不能放入烘箱中烘烤或用电炉直接加热，也不能直接转入热溶液。溶液应冷至室温后，才能注入容量瓶中，或冷至室温后才能稀释至标线，否则会造成体积误差。

② 容量瓶只能用于配制标准溶液或试样溶液，不得长期存放溶液，尤其是碱性溶液，不可在容量瓶中久储。若需要长期存放溶液，可将溶液转移到试剂瓶中（根据需要采用无色瓶、棕色瓶或聚氯乙烯塑料瓶），对需避光的溶液应使用棕色容量瓶。

③ 容量瓶用后应立即冲洗干净，如长期不用，其磨口处应擦干净并加垫小纸片，以防粘紧磨口塞。

三、移液管

移液管是用来准确移取一定体积溶液的量具（如图 1-15 所示）。常用的移液管中间有一膨大部分（称为球部）的玻璃管，管颈上部刻有一圈标线。在一定温度下，管颈上端标线至下端出口间的容积是一定的，如有 10mL、25mL、50mL 等。根据不同需要，选用不同规格的移液管。

图 1-15　移液管　　　　　　　　　　　图 1-16　移液管的润洗

1. 润洗

使用移液管时，通常要先依次分别用洗液、自来水、去离子水洗净，并且还要用少量要移取的溶液润洗 2～3 次，以保证所移溶液的浓度不变。一般洗涤移液管总是先用小烧杯取少量洗涤液，用洗耳球使移液管从小烧杯中吸入少量洗涤液（约 $5\sim10\mathrm{mL}$），把移液管用双手端平，并水平转动移液管，使管内洗涤液润洗移液管内壁，然后把洗过的洗涤液从移液管下端出口放出（如图 1-16 所示）。

2. 操作方法

使用移液管移取溶液的操作，一般是用右手大拇指和中指拿住移液管管颈上端，把移液管下端管口插入装有要移取的溶液的小烧杯中，左手拿洗耳球。先把洗耳球内空气挤出，然后把洗耳球的出口尖端紧压在移液管上端管口上，慢慢松开紧握洗耳球的左手，使要移取的溶液吸入移液管内，当移液管内溶液液面升高到移液管上端管颈刻度标线以上时，立即拿开洗耳球，并马上用右手食指按住移液管上端管口，然后稍微放松食指，同时用大拇指和中指转动移液管，使移液管内液面慢慢下降，直至管内溶液的弯月面与管颈上端刻度标线相切［如图 1-17(a) 所示］，立即用食指按紧移液管上端管口，从小烧杯中取出移液管。把装满溶液的移液管垂直放入已洗净的锥形瓶中，使移液管下端出口紧靠在锥形瓶内壁上，锥形瓶略倾斜，然后松开食指，让移液管内溶液自然流入锥形瓶中［如图 1-17(b) 所示］。当移液管内溶液流完后，还需停留约 15s，才能将移液管从锥形瓶中拿开。

此时移液管下端出口可能还会剩余少量溶液［如图 1-17(c) 所示］，切不可用洗耳球将它吹入锥形瓶中，因为在制造移液管校正它的容积刻度时，就没有把这点溶液计算在内。

此外，为了精确地移取少量的不同体积（如 1.00mL、2.00mL、5.00mL 等）的液体，也常用标有精细刻度的吸量管（如图 1-18 所示）。吸量管的使用方法与移液管相仿。

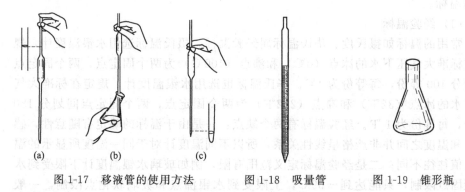

(a)　　　　(b)　　　　(c)

图 1-17　移液管的使用方法　　　图 1-18　吸量管　　　图 1-19　锥形瓶

四、锥形瓶

锥形瓶是圆锥形的平底玻璃瓶（如图 1-19 所示），有 25mL、50mL、100mL 等各种规格。滴定分析中通常用锥形瓶盛放移液管准确移取的被滴定的溶液，同时锥形瓶便于滴定操作中做圆周转动，使从滴定管中滴入的溶液与被滴定溶液均匀混合，充分反应，而不会使溶液溅出瓶外。

滴定分析时，对锥形瓶的洗涤要求与滴定管、移液管不完全相同，洗涤锥形瓶只需依次用去污粉（或洗液）、自来水、去离子水洗净，不能用所装溶液润洗。

第五节 基本物理量的测定技术

基本物理量的测定技术主要包括温度的测定和压力的测定。

一、温度的测定

温度是表征体系中物质内部大量分子、原子平均动能的一个宏观物理量。物质的许多特征参数与温度有着密切关系。因此，准确测量和控制温度，在科学实验中十分重要。以下是简要介绍温标和常用温度计。

1. 温标

温度是一个特殊的物理量，两个物体的温度不能像质量那样互相重叠，两个温度间只有相等和不相等的关系。为了表示温度的数值，需要建立温标，即温度间隔的划分与刻度的表示，这样才会有温度计的读数。国际温标是规定一些固定点，这些固定点用特定的温度计精确测量，在规定的固定点之间的温度测量是以约定的内插方法及指定的测量仪器以及相应物理量的函数关系来定义的。选择不同的温度计、不同的固定点以及规定不同的温度数值，就产生了不同的温标。

（1）经验温标

常用的温标如摄氏度、华氏温标属经验温标。摄氏温标选用水银温度计，规定在标准大气压下水的冰点（0℃）和沸点（100℃）为两个固定点，两个固定点间划分 100 等份，每等份为 1℃。华氏温标也选用水银温度计，规定在标准大气压下水的冰点（32℉）和沸点（212℉）为两个固定点，两个固定点间划分 180 等份，每等份为 1 ℉。经验温标有两个缺点：一是由于温标的确定有随意性，感温质和温度之间并非严格呈线性关系，所以不同温度计对于同一温度所显示的温度数值往往不同；二是经验温标定义范围有限，例如玻璃水银温度计下限受到水银凝固点限制，只能达到 −39℃，上限受到水银沸点和玻璃软化点限制，一般为 600℃。

（2）热力学温标

1848 年开尔文（Kelvin）提出热力学温标，它是建立在卡诺循环基础上的，与测温物质的性质无关。

$$T_2 = \frac{Q_1}{Q_2} T_1$$

开尔文建议用此原理定义温标，称之为热力学温标，通常也叫绝对温标，以开尔文（K）表示。理想气体在定容下的压力（或定压下的体积）与热力学温度呈严格的线性关系。因此，现在国际上选定气体温度计，用它来实现热力学温标。氦气、氢气、氮气等气体在温度较高、压强不太大的条件下，其行为接近理想气体。所以，这种气体温度计的读数可以校正为热力学温标。

热力学温标用单一固定点定义，规定"热力学温度单位开尔文（K）是水三相点热力学温度的1/273.15"。

水的三相点热力学温度为273.15K。热力学温标与通常习惯使用的摄氏温度分度值相同，只是差一个常数：

$$T(K) = 273.15 + t(℃)$$

（3）国际温标

由于气体温度计装置复杂，使用很不方便。为了统一国际温度量值，1927年拟定了"国际温标"，建立了若干可靠而又能高度重现的固定点。随着科学技术的发展，又经多次修订，现在采用的是1990国际温标（ITS-90）。

ITS-90定义了17个温度固定点（见表1-5）和4个温区（见表1-6）。

表 1-5　ITS-90 的固定点定义

物质	平衡态	温度 T_{90}/K	物质	平衡态	温度 T_{90}/K
He	VP	3～5	Ga	MP	302.9146
e-H_2	TP	13.8033	In	FP	429.7465
e-H_2	VP(CVGT)	约17	Sn	FP	505.078
e-H	VP(CVGT)	约20	Zn	FP	692.677
Ne	TP	24.5561	Al	FP	933.473
O_2	TP	54.3358	Ag	FP	1234.94
Ar	TP	83.8058	Au	FP	1337.33
Hg	TP	234.3156	Cu	FP	1357.77
H_2O	TP	273.15			

表 1-6　4 个温区的划分及相应的标准温度计

温度范围/K	13.81～273.15	273.15～903.89	903.89～1337.58	1337.58 以上
标准温度计	铂电阻温度计	铂电阻温度计	铂铑(10%)-铂热电偶	光学高温计

2. 常用温度计

（1）玻璃液体温度计

玻璃液体温度计是在玻璃管内封入水银或其他有机液体，利用封入液体的热膨胀进行测量的一种温度计，属于膨胀式温度计。

优点：结构简单，价格便宜，制造容易；具有较高精度；直接读数，使用方便。所以至今在实验和工业上广泛使用，不足之处是易损坏，损坏后无法修，而且生产过程和使用中会污染环境，现有被取代的趋势。

① 玻璃液体温度计的结构　玻璃液体温度计因所用场合不同，在结构上各有差异。但测温原理是相同的，故其主要组成部分是相同的，即均由感温泡、感温液、中间泡、安全泡、毛细管、主刻度、辅刻度等组成。感温泡的主要作用是用来贮存感温液与感受温度。一般采用圆柱形，有利于热传导（相对球形而言），故热惯性较小。感温液用作测量温度的物质，主要利用其热膨胀作用。感温液一般有汞（包括汞铊合金）和有机液两大类。中间泡是为了提高测温精度与缩短标尺。但并不是所有玻璃液体温度计都有中间泡。对于有些温度计的标尺下限需从0℃加到标尺始点温度所膨胀出来的感温液。毛细管的作用是当感温液因热胀冷缩时在毛细管中上升或下降的位置，通过主刻度所对应的示值，即可读出相应温度。主刻度是为了指示温度计中毛细管内液体上升或下降时对应位置上的温度值；辅刻度是设置在零点位置上。对于温度精度要求高的温度计（如标准温度计等），通过测量辅助刻度线零位变化，可对温度计的示值进行零位变化修正与反映温度的示值稳定性。安全泡是与毛细管上端相连的小泡，是容纳加热温度超过温度计上限温度后的感温液，防止感温液因过热而胀破温度计。

玻璃温度计从结构上分为棒式、内标式及外标式三种，实验室所用的玻璃温度计基本上为棒式，因为这种温度计的温度标尺直接刻在毛细管上，标尺与毛细管之间在测温过程中不会发生位移，所以测温精度高。图1-20所示的便是棒式玻璃液体温度计。

棒式温度计按所用的感温液是用水银或其合金（水银-铊等）还是用有机液体而分为水银温度计和有机液体温度计。另外，还根据温度计测量某介质温度时，需将温度计和整个液柱与感温泡浸入到被测介质中，还是只需将温度计插入到温度计本身标定的固定浸没位置而分为全浸式与局浸式。除工业测温用或特殊用途的精密实验室温度计（如贝克曼温度计）外，一般为全浸入式的。

液体温度计在测量温度时，由于温度计本身的缺陷，或读数方法、环境条件等影响，都会产生一些误差。

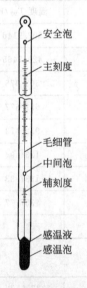

安全泡
主刻度
毛细管
中间泡
辅刻度
感温液
感温泡

图1-20　棒式玻璃
液体温度计

② 玻璃液体温度计的校验方法　除对修复后的温度计进行校验外，对一般正常的温度计也需要定期校验（1次/2年）。玻璃液体温度计采用标准仪器比较的方法进行校验。检验工作玻璃液体温度计的标准器一般为二等标准水银温度计或二等标准铂电阻温度计，也可用标准铜-康铜热电偶。要求：用比较法进行检验时，必须保证标准器与被检温度计在同一温度下处于热平衡。这就要求造成这同一温度所用的液体槽中各处的温度尽可能相同。常用的恒温仪器见表 1-7。

表 1-7　常用的恒温仪器

名　　称	测温介质	应用范围/℃
低温酒精槽	酒精＋干冰	−100～0
水冰点器	冰＋水混合物	0
水槽	水	1～95
油槽	38号、2号、5号汽缸油	100～300
盐槽	55％KNO_3＋45％$NaNO_3$	300～500

检验时必须采取升温校验。因为有机液体与管壁有附着力、水银与管壁有摩擦力等作用，易在下降时造成读数失真，温度上升的速度不得超过 0.1℃/min，即足够缓慢。每支玻璃温度计的校验点不应小于 3 个，除标尺上限和下限外，中间可取一点。具有零点的玻璃温度计的校验点必须包括零点，两相邻校验点的间隔，对于分度值为 0.1℃ 的为 10℃；对于分度值为 0.2℃ 的为 20℃；对于分度值为 0.5℃ 的为 50℃；对于分度值为 1℃、2℃、5℃、10℃ 的为 100℃。

（2）热电偶温度计

热电偶温度计是工业上最常用的温度检测元件之一。其原理是：将两种不同材料的导体或半导体 A 和 B 焊接起来，构成一个闭合回路。如图 1-21 所示。当导体 A 和 B 的两个执着点之间存在温差时，两者之间便产生电动势，因而在回路中形成电流，这种现象称为热电效应，热电偶就是利用这一效应来工作的。其优点是：

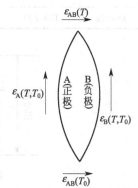

图 1-21　热电偶回路电势图

① 测量精度高　因热电偶直接与被测对象接触，不受中间介质的影响。

② 测量范围广　常用的热电偶从 −50～1600℃ 均可连续测量，某些特殊热电偶最低可测到 −269℃（如金铁-镍镉），最高可达 2800℃（如钨-铼）。

③ 构造简单，使用方便　热电偶通常是由两种不同的金属丝组成，而且不受大小和开头的限制，外有保护套管，用起来非常方便。

二、压力的测定

压力是用来描述体系状态的一个重要参数。许多物理、化学性质，如熔点、沸点等几乎都与压力有关。压力参数的测量和控制在现代工业和科学研究中广泛地应用着，随着工业和科研的发展，低压、微压、高压和超高压、动态压力和高低温条件下的压力测量等越来越重要，因此压力仪表的种类越来越多。产品结构在各种条件下的适应性也日趋完善，故压力的测量已日益受到人们的重视。本书只介绍目前在实验室中最常用的压力仪表。

压力是指均匀垂直作用在单位面积上的力，也可叫作压力强度，或简称压强。国际单位制（SI）用帕斯卡作为通用的单位，以 Pa 或帕表示。但是，原来的许多压力单位如标准大气压（atm）、工程大气压（$kgf \cdot cm^{-2}$）、巴（bar）等仍在使用，这些压力单位之间的关系见表 1-8。

在工业和科研中，常用以下几种不同的压力概念：大气压力、绝对压（力）、表压（力）和疏空压力。绝对压、表压和真空度的关系如图 1-22 所示。

表 1-8 常用压力单位换算

压力单位	Pa	$kgf \cdot cm^{-2}$	atm	bar	mmHg
Pa	1	1.019716×10^{-2}	0.9869236×10^{-5}	1×10^{-5}	7.5006×10^{-3}
$kgf \cdot cm^{-2}$	9.80665×10^{5}	1	0.967841	0.980665	753.559
atm	1.013×10^{5}	1.03323	1	1.01325	760.0
bar	1×10^{5}	1.019716	6.986923	1	750.062
mmHg	133.3224	1.35951×10^{-3}	1.3157895×10^{-3}	1.33322×10^{-3}	1

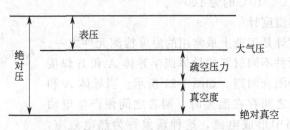

图 1-22 绝对压、表压和真空度的关系

① 大气压力 大气压力是指地球表面的空气柱重量所产生的平均压力，常用符号 p_b 表示。它随地理纬度、海拔高度和气象情况而变，也随时间而变化。

② 绝对压（力） 以绝对真空作零基准表示的压力，即被测流体作用在容器单位面积上的全部压力，常以符号 p_a 表示，它表明了测定点的真正压力。

③ 表压（力）　以大气压力为零基准且超过大气压力的压力数值，亦即使一般压力表所指示的压力，常用符号 p 表示，它等于高于大气压力的绝对压力与大气压力之差。

④ 疏空压力（也称负压）　又称真空表压力，是以大气压力为基准且低于大气压力的压力数值，即大气压力与绝对压力之差，常用符号 p_h 表示。

这里重点介绍 U 形管压力计。

液柱式压力计是最早用来测压力的仪表之一，它结构简单、制造容易、测量精度较高且价格便宜，至今在计量、实验、科研上仍广泛应用。它的缺点是结构不牢固，耐压程度较差。

根据结构形式可分为 U 形管压力计、单管式压力计、倾斜式压力计等，如图 1-23 所示；若按测量精度可分为一等、二等、三等标准液柱式压力计，工作用液柱式压力计（有 0.5 级、1.0 级、2.5 级三种）。实验用的一般是 U 形管压力计，故予以重点介绍。

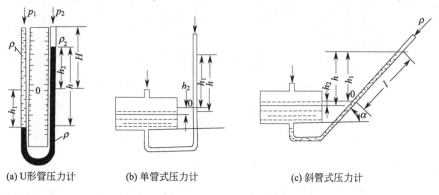

| (a) U形管压力计 | (b) 单管式压力计 | (c) 斜管式压力计 |

图 1-23　压力计结构示意图

如图 1-23(a) 所示，U 形管压力计是由两根内径相同的、相互平行且连通的"U"字形玻璃管（亦有金属管），安装在镶有刻度标尺的支承板上构成的，U 形管内灌有密度适宜的液体。

如果管两端均接大气压力，则两管内的液体工作介质的液面处于同一水平位置，但若左管端与被测压力（p_1）相连，由于被测压力 p_1（$p_1 > p_2$，p_2 为大气压力）的作用，左管内的液面下降。相反，右管的液面上升，直到压力计内液面不再移动，即管内液体达到平衡，此时两管内液面的高度差为 h，h 表示被测压力 p_1 和大气压力 p_2 的压力差。根据流体静力平衡原理得：

$$p_1 - p_2 = \rho g h$$

式中，p_1 为被测量绝对压力；p_2 为大气压力；h 为液面的高度差；ρ 为工作介质的密度；g 为重力加速度。

液柱式压力计的使用与维护：

① 液柱式压力计应避免安装在过热、过冷、温度变化大和有震动的地方。过热易令工作液体蒸发掉，过冷又会使工作液体冻结，温度变化大则给读数带来较大误差，震动往往使读数无法进行，甚至将玻璃管震破而造成测量误差。

② U形管压力计和单管式压力计必须令测量管垂直固定放置，而斜管式压力计则需调节底盘上的水平泡，使之处于水平位置，然后再调零点，如工作液面不在零处，则调整零位器或移动可变读数标尺，或调整工作液体量至零位。

③ 仪器充以上工作液体后，要充分排出工作液体内的气体。

第二章 基本实验

一、实验目的

1. 了解电子分析天平的构造；
2. 掌握电子分析天平的使用方法；
3. 学会用直接法和减量法称量物体的质量。

二、实验原理

本实验采用电子分析天平进行测量。其最大载荷为 200g，精密度均为 0.0001g（即 0.1mg）。根据待称量样品的性质不同，可选用直接法或减量法进行称量。

1. 直接法称量

直接称量法也称为固定质量称量法，对于不易吸湿、在空气中性质稳定的一些固体样品，如一般的金属、矿石等的称量可用直接法。直接法称量的步骤是：先在分析天平上准确称出洁净容器的质量，然后用药匙取适量的试样加入容器中，称出它们的总质量。这两次质量的数值相减，就得到试样的质量。

2. 减量法称量

对于易吸湿、在空气中不稳定的样品宜用减量法进行称量。这类样品一般用称量瓶盛装，并保存在干燥器中。称量时，从干燥器中取出称量瓶，先称量装有样品的称量瓶的质量，然后倾倒出所需要质量的样品，再称量剩余样品与称量瓶的质量，两次质量的差值就是所需的样品的质量。如果一次倒入容器的药品太多，必须弃掉重称，切勿放回称量瓶。

三、仪器和药品

1. 实验仪器

电子分析天平、称量纸、烧杯、干燥器、称量瓶、药匙。

2. 实验药品

$CuSO_4 \cdot 5H_2O$（晶体，AR）、合金片（如锌铝合金）。

四、实验内容

1. 直接法称量合金片

在电子分析天平上放称量纸，然后按"去皮"键，此时天平显示为 0，然后将合金片放在称量纸上，称出其质量。

2. 减量法称量硫酸铜晶体（$CuSO_4 \cdot 5H_2O$）

计算配制 100g 0.2mol·kg^{-1}硫酸铜溶液所需 $CuSO_4 \cdot 5H_2O$ 晶体的质量。具体方法为：

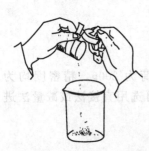

打开干燥器盖子，用纸条夹持盛有 $CuSO_4 \cdot 5H_2O$ 晶体的称量瓶，将它从干燥器中取出，在台式天平上粗略称出其质量，然后在电子天平上准确称其质量。用左手捏紧纸条夹持称量瓶中部、右手拿住用小纸片包住的称量瓶盖上的尖头，略微倾斜称量瓶，用盖轻敲称量瓶口的上边缘，使 $CuSO_4 \cdot 5H_2O$ 晶体慢慢倾落在称量纸（或其他容器）上（如图 2-1 所示）。待到适当量后，一边将称量瓶竖起，一边轻敲称量瓶瓶口，盖上盖子，再放回电子天平上准确称量。两次质量的差值即为倾倒出 $CuSO_4 \cdot 5H_2O$ 晶体的质量。

图 2-1　样品的倾倒操作

如果倒出的质量小于所需的量，应依此法再次倾倒、称量，直至所需称量范围。记下最后一次的称量值。若倾倒出的晶体超过所需范围，不能将晶体放回称量瓶，应倒入实验室指定的回收瓶中，并重新称量。

实验中往往要倾倒几次才能达到要求，要有耐心，逐次倾倒少量，慢慢接近需要量或教员指定称量范围。倾倒时注意不能让晶体落在称量纸（或容器）外。

采用同样方法再称量两份硫酸铜晶体。

五、实验数据记录及处理

电子分析天平直接法和减量法称量实验数据记录如表 2-1 所列。

表 2-1　电子分析天平直接法和减量法称量实验数据记录

直接法测量合金片质量(m)/g			
减量法测定硫酸铜晶体	1	2	3
称量瓶＋硫酸铜晶体(m_1)/g			
倾出硫酸铜晶体后称量瓶(m_2)/g			
硫酸铜晶体质量(m_1-m_2)/g			

六、思考题

1. 使用电子分析天平称量时，选择称量方法的依据是什么？

2. 用减量法称取试样，若称量瓶内的试样吸湿，将对称量结果造成什么样的误差？

附：AE200 电子分析天平简介

电子天平（如图 2-2 所示）是基于电磁学原理制造的最新一代天平，可直接称量，不需要砝码，具有自动调零、校准、扣皮重、显示读书等功能。操作简便，称量速度快。

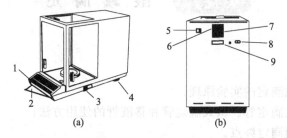

图 2-2　AE200 电子分析天平结构图

1—单控制杆；2—简单操作说明；3—校准杆；4—水平位调校螺栓；

5—交流电压选择开关；6—保险丝座；7—电源插口；

8—手掣开关插口；9—数据接口

AE200 电子分析天平的使用方法如下：

① 调节水平位置　把称盘安装在天平上将锥形轴放入下锥形孔，调节两颗水平螺栓，使水平显示器中的气泡位于圆圈的正中央。天平在每次移动或重新放置后，必须调节水平和校准。调节水平步骤为：水平泡在"12 点"时，逆时针调节两只调节脚；水平泡在"3 点"时，顺时针调节左调节脚，逆时针调节右调节脚；水平泡在"6 点"时，顺时针调节两只调节脚；水平泡在"9 点"时，逆时针调节左调节脚，顺时针调节右调节脚。

② 开启天平及去皮　只需按动单控制杆，即可去皮。此外控制杆还可以开

启及关闭显示。在使用控制杆关闭天平时，只会把显示熄灭，只要电源仍然接通，天平的电子电路就保持通电预热状态，随时可恢复操作，节省预热时间。

天平的单控制杆开关的具体操作如下：

开启：按一次控制杆后，所有的显示组件均会发亮数秒之后："88888888"可借此检查显示的功能，其后，便会显示 0.0000。

关闭：把控制杆轻轻抬起，即可关闭显示。如天平的显示为 OFF 字样，只须再按一次控制杆。即可显示 0.0000。

③ 去除皮重　把容器放置在秤盘上，其质量即显示。按一次控制杆，显示消失，然后出现 0.0000 字样，容器的质量即被扣除。此时可供称量的范围为选定的称量范围减去容器质量。

④ 单控制杆操作　天平只设一条控制杆。此控制杆不但能开关显示，还能扣除皮重和调整天平。为求达到最佳工作状态，只需把天平顺序调整。调整循环由按动控制杆开始，工作状态模式在调整显示中以简写名称表示，一旦选中某一工作状态时，立即放开控制杆，再快速按一次即可选择不同的常数（校准除外）。

实验二　酸 碱 滴 定

一、实验目的

1. 掌握酸碱滴定的实验原理；
2. 掌握酸式滴定管、碱式滴定管和移液管的使用方法；
3. 学会控制滴定终点。

二、实验原理

利用酸碱中和反应，可以测未知浓度的酸或碱的浓度。量取一定体积未知浓度的碱溶液，用已知浓度的酸溶液滴定。根据酸碱完全中和所需物质的化学计量关系，可从所用的碱溶液的体积 V（碱）和所消耗的酸溶液的体积，根据已知酸的浓度 b（酸）计算出碱溶液的浓度 b（碱）。例如：

$$H_2C_2O_4 + 2NaOH \Longrightarrow Na_2C_2O_4 + 2H_2O$$

设 b（酸）为参加反应草酸溶液的浓度；V（酸）为参加反应所用草酸溶液的体积；b（碱）为参加反应氢氧化钠溶液的浓度；V（碱）为参加反应所消耗氢氧化钠溶液的体积；则反应达化学计量点时有如下关系：

$$2b（酸）V（酸）=b（碱）V（碱） \tag{2-1}$$

反之，也可以从 V（酸）、V（碱）和 b（碱）求出 b（酸）。

酸碱滴定的终点可借助于酸碱指示剂的变色来确定。例如，在用 NaOH 溶液滴定草酸时，可用酚酞作指示剂。酚酞在酸性溶液中是无色的，当全部草酸与 NaOH 作用完毕时，由于一滴过量的 NaOH 溶液，酚酞即呈现红色。此时表明已达到滴定的终点。

本实验用 NaOH 溶液滴定已知浓度的草酸，以标定 NaOH 溶液的浓度。再用已标定的 NaOH 溶液来滴定未知浓度的盐酸，以测定盐酸的浓度。

三、仪器和药品

1. 实验仪器

酸式滴定管（50mL）、碱式滴定管（50mL）、滴定台、锥形瓶（250mL）、烧杯（250mL、100mL）、移液管（25mL）、洗耳球、洗瓶。

2. 实验药品

标准 $H_2C_2O_4$ 溶液（$0.05000mol \cdot kg^{-1}$）、HCl 溶液（约 $0.1mol \cdot kg^{-1}$）、NaOH 溶液（约 $0.1mol \cdot kg^{-1}$）、酚酞（1%）。

四、实验内容

1. 氢氧化钠溶液浓度的标定

（1）滴定前的准备工作

依次用去离子水和待标定浓度的 NaOH 溶液（约 $0.1mol \cdot kg^{-1}$）洗涤洁净的碱式滴定管各 2~3 次，然后注入 NaOH 溶液到刻度"0"以上。赶去滴定管阀门下端的气泡，调节液面使其降至刻度"0"或略低于"0"的位置。准确记下此时滴定管中液面的读数到小数点后第二位。

依次分别用去离子水及标准草酸溶液洗涤洁净的移液管各 2~3 次，然后用移液管吸取 25.00mL 标准草酸溶液，放入已经用水洗净的锥形瓶中。

（2）滴定

将盛有草酸溶液的锥形瓶放在碱式滴定管下面，滴入 2 滴酚酞溶液，摇匀，然后用 NaOH 溶液滴定。滴定时用左手控制滴定管阀门，滴入 NaOH 溶液，用右手拿住锥形瓶颈，并不断转动或摇荡锥形瓶，使溶液混合均匀。滴定开始时可加得稍快些，当溶液中出现浅红色经摇荡后在半分钟内不消失，即到达滴定终点。记下液面位置，它与滴定前液面位置之差即为滴定用去溶液的体积。

平行滴定三次。若三次滴定所用 NaOH 溶液体积之差值不大（一般不应超过 0.2mL），即可取平均值，计算 NaOH 溶液的浓度（计算到 4 位有效数字）。

2. 强酸溶液浓度的标定

取待标定浓度的 HCl 溶液（约 $0.1mol \cdot kg^{-1}$），将此溶液注入已经润洗的酸式滴定管中。将上面已经标定好浓度的 NaOH 溶液从碱式滴定管中放出

20.00mL 于一只洁净的锥形瓶中，再加入 2 滴酚酞溶液，摇匀。

用 HCl 溶液滴定 NaOH 溶液，滴定时应不断摇荡锥形瓶，直到滴入一滴 HCl 溶液，使瓶内溶液恰好由红色变为无色，记下所用溶液的体积。平行滴定三次。取三次滴定数值的平均值，计算 HCl 溶液的浓度（计算到 4 位有效数字）。

五、实验数据记录和处理

1. NaOH 溶液浓度的标定

NaOH 溶液浓度的标定实验数据记录和处理见表 2-2。

表 2-2　NaOH 溶液浓度的标定

记录项目	1	2	3
$b(H_2C_2O_4)/mol \cdot kg^{-1}$			
$V(H_2C_2O_4)/mL$			
$V(NaOH)$初读数/mL			
$V(NaOH)$末读数/mL			
$b(NaOH)/mol \cdot kg^{-1}$			
$b(NaOH)$的平均值/mol $\cdot$ kg^{-1}			

2. HCl 溶液浓度的标定

HCl 溶液浓度的标定实验数据记录和处理见表 2-3。

表 2-3　HCl 溶液浓度的标定

记录项目	1	2	3
$b(NaOH)/mol \cdot kg^{-1}$			
$V(NaOH)/mL$			
$V(HCl)$初读数/mL			
$V(HCl)$末读数/mL			
$b(HCl)/mol \cdot kg^{-1}$			
$b(HCl)$的平均值/mol $\cdot$ kg^{-1}			

六、思考题

1. 为什么移液管和滴定管必须用欲装入的液体洗涤？而锥形瓶只用水洗涤？

2. 在滴定前，若在盛有 25.00mL 草酸溶液的锥形瓶中加入 20mL 水稀释，所需 NaOH 溶液的量与未稀释前有无不同？

3. 以下情况对实验结果有何影响？①滴定完毕，滴定管尖嘴外留有液滴；

②滴定完毕，尖嘴内有气泡；③由于滴定管未洗净，滴定完毕，发现滴定管内壁挂有液滴。

实验三　化学反应焓变的测定

一、实验目的

1. 了解测定化学反应焓变的原理和方法；
2. 学会用作图外推法处理实验数据；
3. 学会用线性拟合的方法求出反应摩尔焓变。

二、实验原理

化学反应中的能量变化最常见的是化学能与热能的转化。化学反应通常是在恒压下进行，其反应的热效应即为等压热效应 Q_p，在化学热力学中用 ΔH（焓变）来表示。对于放热反应，ΔH 为负值；对于吸热反应，ΔH 为正值。

本实验是使过量的锌粉与硫酸铜溶液在保温杯量热计中发生反应（如图 2-3 所示）：

$$Zn(s) + Cu^{2+}(aq) = Zn^{2+}(aq) + Cu(s)$$
$$\Delta_r H^{\ominus}_{m,298} = -218.66 kJ \cdot mol^{-1}$$

根据溶液的质量和比热容、保温杯的热容及反应系统前后的温度变化，即可算出反应的摩尔焓变。

$$\Delta_r H^{\ominus}_m = -\frac{\Delta T(mc + C')}{n(CuSO_4)} \tag{2-2}$$

式中，ΔT 为反应前后溶液温度的变化，K；c 为反应后溶液的比热容，J·g^{-1}·K^{-1}，取水的比热容 4.18J·g^{-1}·K^{-1}；m 为反应后溶液的质量，g；C' 为保温杯热容，J·K^{-1}。

为了测定反应的焓变，有两种方法：

1. 通过测量保温杯的热容从而求得反应焓变值

由式(2-2)可知，反应焓变值与参与反应的溶液质量和保温杯的热容及 ΔT 有关。

保温杯的热容 C' 是指保温杯本身温度每变化一度所引起的热量变化。它可通过质量相同，温度不同的冷水和热水混匀后粗略测出。先向保温杯中加入一定质量的热水，然后加入等质量的冷水，混匀。因为热

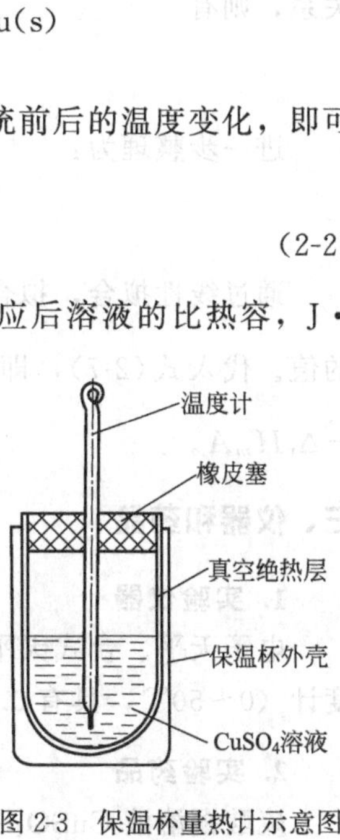

图 2-3　保温杯量热计示意图

温度计
橡皮塞
真空绝热层
保温杯外壳
$CuSO_4$溶液

水和量热计放出的热量为冷水所吸收的热量相等即：

$$(c_1 m_2 + C')(T_2 - T_3) = c_1 m_1 (T_3 - T_1) \tag{2-3}$$

因此有：

$$C' = [c_1 m_1 (T_3 - T_1) - c_1 m_2 (T_2 - T_3)]/(T_2 - T_3) \tag{2-4}$$

式中，c_1 为水的比热容 $4.18 \text{J} \cdot \text{g}^{-1} \cdot \text{K}^{-1}$；$m_1$ 为冷水的质量，g；m_2 为热水的质量，g；T_1 为冷水的温度，K；T_2 为热水的温度，K；T_3 为均匀混合后的水温，K；C' 为保温杯的热容，$\text{J} \cdot \text{K}^{-1}$。

由于保温杯量热计并非是完全绝热的容器，反应后升温达到最大值还需一段时间，故在这段时间内还会与环境交换少量热量，采用作图外推法可适当减少这一影响。

根据反应测出的保温杯的热容 C' 和 ΔT，代入式（2-2）即可计算出反应焓变值。

2. 采用线性拟合的方法求得反应焓变值

式（2-2）可以改写为：

$$-\Delta_r H_m \frac{n}{\Delta T} = mc + C' \tag{2-5}$$

令 $y = n/\Delta T$，$x = m$，且 $\Delta_r H_m$、c 均为常数，则通过测定参加反应的一系列不同质量的硫酸铜溶液与锌粉参与反应的实验数据，建立 y 与 x 之间的线性关系，则有

$$-\Delta_r H_m y = cx + C' \tag{2-6}$$

进一步整理为：

$$y = \frac{C'}{-\Delta_r H_m} + \frac{c}{-\Delta_r H_m} x \tag{2-7}$$

通过线性拟合，拟合函数形式为 $y = A + Bx$，可以得到拟合曲线中 A 和 B 的值。代入式（2-7），即可求出反应的 $\Delta_r H_m$ 和 C'，即：$\Delta_r H_m = -\dfrac{c}{B}$，$C' = -\Delta_r H_m A$。

三、仪器和药品

1. 实验仪器

电子天平、台式天平、保温杯、烧杯（100mL）、秒表、滤纸碎片、精密温度计（0~50℃，具有 0.1℃分度）。

2. 实验药品

硫酸铜溶液 $CuSO_4$（$0.2\text{mol} \cdot \text{kg}^{-1}$）、锌粉（CP）。

四、实验内容

1. 量热计热容 C' 的测定

① 取一个烧杯，称取约 50g 室温下的蒸馏水或去离子水，准确记录质量，用温度计测其温度，此即冷水的温度 T_1。

② 用洁净并擦干的保温杯称取约 50g 热水，准确记录质量，注意调节保温杯橡皮塞上温度计插入的高度，使它既不触及容器底壁又能使水银球浸入水中。盖上量热计盖，于水平方向摇动约 15s（此时水温已趋相对恒定），准确地读出温度，记录水温 T_2（一般约需 3min，此温度比冷水温度 T_1 高 20℃左右较为合适）。

③ 打开保温杯盖（注意动作不能过猛，要边旋转边慢慢打开，以免仪器破损），将第①步称取的冷水迅速倒入保温杯中，盖紧盖子搅拌，并每隔 30s 记录一次时间和水温（此时不应按停秒表），直至温度不再有明显变化后，再继续测定 3min，作出温度-时间曲线，然后用外推法确定 T_3。

④ 保温杯用蒸馏水洗净并擦干待用。

2. 反应焓变的测定

① 用台式天平称取 3g 锌粉。

② 用电子天平称取约 100g 的硫酸铜溶液，置于洗净擦干的保温杯中，盖紧盖子。准确记录所称取的溶液质量。

③ 搅拌溶液，并启动秒表，每隔 30s 记录一次时间和温度，直至系统温度达到恒定为止（约 3min）。

注意：使用搅拌器时应先将干燥洁净的搅拌磁子放入保温杯中。需搅拌时，将保温杯放至搅拌器盘正中央上，将搅拌器接通电源（若采用磁力加热搅拌器，加热旋钮应在"关"的位置），开通搅拌器开关，由调速旋钮调节至合适的转速。

④ 迅速沿保温杯的四周均匀加入称好的锌粉，立即盖紧量热计盖，同时记录开始反应的时间（此时不应按停秒表），并每隔 30s 记录一次温度读数。待系统温度升至最大值后，再每隔 30s 测温 6～8 次。

上述实验再重复进行 3 次，每次药品的用量分别为：

80g 硫酸铜溶液，2.4g 锌粉；70g 硫酸铜溶液，2.1g 锌粉；60g 硫酸铜溶液，1.8g 锌粉；重复以上操作，分别测定反应焓变。

每次测定完后洗净保温杯，擦干。回收搅拌磁子。

五、实验数据记录和处理

1. 实验数据

（1）量热计热容 C' 的测定

量热计热容 C' 的测定实验数据见表 2-4。

表 2-4 量热计热容 C' 的测定

项　　目	数　　据
c_1——水的比热容/$J \cdot g^{-1} \cdot K^{-1}$	
m_1——冷水的质量/g	
m_2——热水的质量/g	
T_1——冷水的温度/K	
T_2——热水的温度/K	
T_3——混合后的水温/K	
C'——量热计热容/$J \cdot K^{-1}$	

（2）反应焓变的测定

反应焓变实验反应时间与温度的变化（每隔 0.5min 记录一次温度）见表 2-5，测定的 $Zn + CuSO_4$ 反应焓变实验数据处理见表 2-6。

表 2-5 反应焓变实验的温度时间特性

温度/℃ 时间/s No.	0	30	60	90	120	150	180	210	240	270	300	330	360
1													
2													
3													
4													

表 2-6 测定的 $Zn + CuSO_4$ 反应焓变实验数据处理

组别	m_{CuSO_4}/g	m_{Zn}/g	T_2/℃	T_1/℃	ΔT/℃	n/mmol
1						
2						
3						
4						

2. 作图外推法

① 如图 2-4(a) 所示，在小方格纸（或坐标纸）上（10 小格为 1K）作出温度-时间曲线，并用外推法确定 T_3，水的比热容近似取为 4.18J $\cdot g^{-1} \cdot K^{-1}$，根据公式(2-4)计算量热计热容 C'。

② 如图 2-4(b) 所示，在方格纸上（10 小格为 1K）作出温度-时间曲线，由

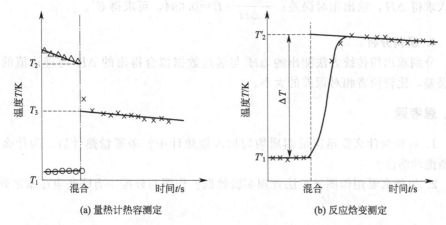

(a) 量热计热容测定　　　　　(b) 反应焓变测定

图 2-4　反应时间与温度变化的关系

外推法求出反应前后溶液温度的变化 ΔT，反应后溶液的比热容近似取为 4.18 $J \cdot g^{-1} \cdot K^{-1}$，根据公式(2-2) 计算反应的焓变 ΔH（实验值）。

③ 根据式(2-8) 计算实验的相对误差，并分析产生误差的原因。

$$E_r = \frac{\Delta H(\text{实验值}) - \Delta H(\text{理论值})}{\Delta H(\text{理论值})} \times 100\% \qquad (2-8)$$

3. 数据进行线性拟合求出反应摩尔焓变

利用表 2-5 中的数据建立 y 与 x 之间的线性关系。具体操作如下：通过 Excel 插入图表，建立散点图的曲线，右键点击曲线，添加趋势线，选择线性拟合，所得的拟合曲线如图 2-5 所示，同时在"趋势线格式"【选项】中点击"显示公式"。拟合函数形式为 $y = Ax + B$，同时得到拟合直线的相关信息。例如：

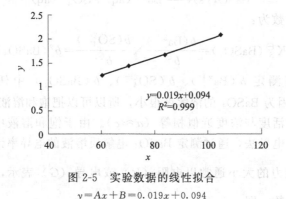

图 2-5　实验数据的线性拟合

$$y = Ax + B = 0.019x + 0.094$$

根据回归拟合得到的直线得到该直线的斜率 $A = -\dfrac{c}{\Delta H} = 0.019$，将 $c = 4.18$

代入求得 ΔH，求出相对误差；$\dfrac{C'}{-\Delta H} = B = 0.094$，可求得 C'。

4. 误差分析

分别求出用传统方法测出的 ΔH 与通过数据拟合得出的 ΔH 与理论值的相对误差，比较两者相对误差的大小。

六、思考题

1. 锌粉为什么要迅速沿四周均匀加入量热计中？盖紧量热计后，为什么要剧烈搅动溶液？

2. 为什么要用作图外推法处理实验数据？作图与外推中有哪些应注意之处？

实验四　　电导率法测定硫酸钡的溶度积常数

一、实验目的

1. 理解电导率测定 $BaSO_4$ 溶度积常数的原理；
2. 学会电导率仪的使用；
3. 掌握用电导率仪测定 $BaSO_4$ 溶度积常数的方法。

二、实验原理

硫酸钡是一种难溶电解质，在饱和溶液中存在如下平衡：

$$BaSO_4(s) \Longrightarrow Ba^{2+}(aq) + SO_4^{2-}(aq)$$

其溶度积常数为：

$$K_S^{\ominus}(BaSO_4) = \frac{b(Ba^{2+})}{b^{\ominus}} \times \frac{b(SO_4^{2-})}{b^{\ominus}} = b^2(BaSO_4) \tag{2-9}$$

因此，只需测定 $b(Ba^{2+})$、$b(SO_4^{2-})$、$b(BaSO_4)$ 中任一值即可求出 $K_S^{\ominus}(BaSO_4)$。因为 $BaSO_4$ 的溶解度很小，所以可以把饱和溶液看成是无限稀释的溶液，离子的活度与浓度近似相等（$a \approx c$）。由于饱和溶液中 $BaSO_4$ 浓度很低，因此常采用电导法，通过测定 $BaSO_4$ 电解质溶液的电导率计算离子浓度。

物质导电能力的大小通常以电阻（R）或电导（G）表示，电阻 $R = \rho \dfrac{l}{A}$，电导是电阻的倒数，即：

$$G = \frac{1}{R} = \frac{1}{\rho} \times \frac{A}{l} = \kappa \frac{A}{l} \tag{2-10}$$

式中，G 为电导，S（西门子）；A 为截面积；l 为长度；κ 为电导率，$S \cdot cm^{-1}$。

当测定两平行电极之间溶液的电导时，若电极面积 $A = 1cm^2$，电极相距 1cm，溶液浓度为 $1mol \cdot kg^{-1}$，则电解质溶液的电导为摩尔电导率，用 λ 表示。当溶液浓度无限稀时，正、负离子之间的影响趋于零，摩尔电导率 λ 趋于最大值，用 λ_0 表示，称为极限摩尔电导率。实验证明当溶液无限稀释时，每种电解质的极限摩尔电导率是离解的两种离子的极限摩尔电导率的简单加和，对 $BaSO_4$ 饱和溶液有

$$\lambda_0(BaSO_4) = \lambda_0(Ba^{2+}) + \lambda_0(SO_4^{2-}) \tag{2-11}$$

当以 $\frac{1}{2}BaSO_4$ 为基本单元时，$\lambda_0(BaSO_4) = 2\lambda_0\left(\frac{1}{2}BaSO_4\right)$，在 25℃时，无限稀释的 $\frac{1}{2}Ba^{2+}$ 和 $\frac{1}{2}SO_4^{2-}$ 的 λ_0 值分别为 $63.6S \cdot cm^2 \cdot mol^{-1}$ 和 $80.0S \cdot cm^2 \cdot mol^{-1}$。

因此

$$\lambda_0(BaSO_4) = 2\lambda_0\left(\frac{1}{2}BaSO_4\right) = 2 \times \left[\lambda_0\left(\frac{1}{2}Ba^{2+}\right) + \lambda_0\left(\frac{1}{2}SO_4^{2-}\right)\right]$$

$$= 2 \times (63.6 + 80.0) = 287.2 S \cdot cm^2 \cdot mol^{-1}$$

摩尔电导率 λ 是 $1mol \cdot kg^{-1}$ 溶液的电导率 $\kappa(\kappa = \lambda c)$，因此只要测溶液的 κ 值，即可求溶液浓度。

$$b(BaSO_4) = \frac{1000\kappa(BaSO_4)}{\lambda_0(BaSO_4)}(mol \cdot kg^{-1})$$

由于测得 $BaSO_4$ 饱和溶液的电导率包括水的电导率，因此 $BaSO_4$ 的电导率为：

$$\kappa(BaSO_4) = \kappa(BaSO_4 \text{ 溶液}) - \kappa(H_2O) \tag{2-12}$$

$$G(BaSO_4) = G(BaSO_4 \text{ 溶液}) - G(H_2O) \tag{2-13}$$

因此，$BaSO_4$ 的溶度积为：

$$K_S^{\ominus}(BaSO_4) = \left\{\frac{1000[\kappa(BaSO_4 \text{ 溶液}) - \kappa(H_2O)]}{\lambda_0(BaSO_4)}\right\}^2$$

$$= \left\{\frac{1000[G(BaSO_4 \text{ 溶液}) - G(H_2O)]\frac{l}{A}}{\lambda_0(BaSO_4)}\right\}^2 \tag{2-14}$$

式中，$\frac{l}{A}$ 为电极常数。

三、仪器与药品

1. 实验仪器

CON510 型台式电导率仪、烧杯（100mL）、量筒（100mL）、电炉。

2. 实验药品

$BaSO_4$（s，分析纯）、去离子水、KCl（$0.2mol \cdot kg^{-1}$）。

四、实验内容

1. $BaSO_4$ 饱和溶液制备

将 0.2g $BaSO_4$ 置于 100mL 烧杯中，加去离子水 60～80mL，加热煮沸 3～5min，并不断搅拌，然后静置，用去离子水洗 3 次，再加去离子水 60～80mL，加热煮沸 1～2min，静置，冷却至室温，得 $BaSO_4$ 饱和溶液。

2. 用 $0.02mol \cdot kg^{-1}$ KCl 溶液校正电极常数

在 25℃，用 $0.02mol \cdot kg^{-1}$ KCl 溶液校正电极常数。校正方法参见实验后所附。

3. 电导率的测定

（1）去离子水电导率的测定

取 50mL 去离子水，测定其电导率 $\kappa(H_2O)$，测定时操作要迅速。

（2）$BaSO_4$ 饱和溶液电导率的测定

将制得的 $BaSO_4$ 饱和溶液冷却至室温后取上层清液，测定其电导率 $\kappa(BaSO_4溶液)$。

五、实验数据记录与处理

电导率的测定实验数据记录与处理见表 2-7。

表 2-7 电导率的测定　　　　　温度_____℃

次数	$\dfrac{l}{A}$	$\kappa(H_2O)/S \cdot cm^{-1}$	$\kappa(BaSO_4 溶液)/S \cdot cm^{-1}$	$K_S^{\ominus}(BaSO_4)$
1				
2				
3				
平均值				

六、思考题

1. 为什么要测去离子水的电导率？

2. 什么叫极限摩尔电导率？什么情况下 $\lambda_0 = \lambda_0$（正离子）$+\lambda_0$（负离子）？

3. 什么条件下可用电导率计算溶液浓度？

附：CON510 型台式电导率仪的结构及使用方法

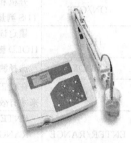

CON510 型台式电导率仪（外观如图 2-6 所示）是一台微处理仪器，它不仅可以用来测量电导率、总固体溶解度（TDS）和温度（℃/℉），而且具有强大的记忆功能，能够储存多达 50 组数据。此外，仪器还具有用户自定义功能，这些功能都能简单地通过触摸按键实现。

图 2-6　CON510 型台式
电导率仪外观图

1. 仪器结构

（1）显示

CON510 型台式电导率仪显示屏如图 2-7 所示。

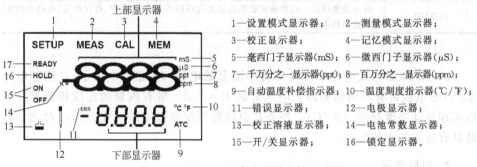

1—设置模式显示器；　2—测量模式显示器；
3—校正显示器；　4—记忆模式显示器；
5—毫西门子显示器(mS)；6—微西门子显示器(μS)；
7—千万分之一显示器(ppt)；8—百万分之一显示器(ppm)；
9—自动温度补偿指示器；10—温度刻度指示器(℃/℉)；
11—错误显示器；　12—电极显示器；
13—校正溶液显示器；　14—电池常数显示器；
15—开/关显示器；　16—锁定显示器。

图 2-7　CON510 型台式电导率仪显示屏

（2）键盘

本仪器采用触摸按键（如图 2-8 所示），每按键一次，都会在 LCD 显示屏上有相应的图标或指示器。一些按键，在不同的操作模式中，有着不同的功能见表 2-8。

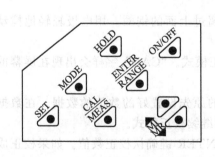

图 2-8　CON510 型台式电导率仪键盘

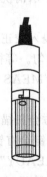

图 2-9　CON510 型台式电导率仪电极

表 2-8　CON510 型台式电导率仪键盘按键功能

按键	功　　能
ON/OFF	开机和关机。当您开启仪器时,仪器进入您上次关机时的模式。例如:您上次是在 TDS 测量模式中关机的,当您开机时,仪器进入 TDS 测量模式
HOLD	锁定读数。想要锁定读数,请在测量模式中按 HOLD 键,想要解锁,请再按一次 HOLD 键
MODE	选择测量的参数。在电导率和 TDS 中选择
CAL/MEAS	在校正和测量模式之间切换。注意:温度校正只有从电导率/TDS 校正模式切换过来才有效
ENTER/RANGE	ENTER 功能:在校正模式中,按键确认数值;在设置功能中,按键确认选择 RANGE 功能:按键进入手动量程切换功能 MEAS 功能:会在手动量程切换时闪烁
MI & MR ▼/▲	在测量模式中:按 MI(记忆输入)输入相应温度的数值。按 MR(记忆调用)调用记忆(最后输入,首先调出) 在校正模式中:按键选择校正数值 在设置模式中:按键选择设置功能子菜单中的程序
SETUP	进入设置模式。这种模式让您自定义仪器的参数和默认值、查看校正、电极补偿数据和选择的电池常数

（3）电极

CON510 型台式电导率仪自带有一配套的电极（如图 2-9 所示）,这种电导率/TDS 电极带有不锈钢的环,电池常数 $K=1.0$,带有内置的温度传感器,可以实现自动温度补偿（ATC）。外壳是由热塑性聚醚酰亚胺树脂制造,对化学药品具有很好的抵抗能力。

2. 使用方法

（1）校正仪器

采用自动校正。

① 按 MODE 键,选择电导率模式。

② 用去离子水清洗电极,然后用少量 $1413\mu S\cdot cm^{-1}$（$0\sim2000\mu S\cdot cm^{-1}$）标准液清洗。

③ 将电极浸入校正标准液中,溶液要超过上面的钢圈。用电极轻轻地搅动溶液直到溶液均匀。等待读数稳定。

④ 按 CAL/MEAS 键,进入电导率校正模式。"CAL"字样会出现在屏幕的右上角。

⑤ 屏幕下方会扫描和即刻锁定最接近的原先设置好的数值的数据。在数据被锁定之前就按键会有错误信息提示,仪器继续校正模式。

⑥ 等待"READY"字样出现后,按 ENTER 键确认校正数值。如果校正成功,屏幕上方显示"dOnE"字样。仪器返回到"MEAS"测量模式。

（2）进行测量

① 每次使用前后，用去离子水或蒸馏水清洗电极，以便去除黏附在电极表面的杂质。用滤纸吸干或风干。为了避免样品受污染或被稀释，用少量的样品溶液冲洗电极。

② 将电极浸入样品中，确保溶液超过电极上面的一个钢圈。轻轻地搅动样品，保持溶液的均匀。

（3）记录数据

等待读数稳定。记录下显示屏上的读数。

（4）切换测量模式

按 MODE 键可实现在电导率和 TDS 测量模式之间切换。

3. 注意事项

① 按键动作要轻。

② 电极在每次使用前后，请用去离子水或蒸馏水清洗。再用滤纸吸干电极，切勿用力擦干。

③ 电极浸入样品中。要确保溶液超过电极最上面的一个钢圈。

④ 实验完毕后，清洗干净电极。

实验五　化学反应速率与活化能的测定

一、实验目的

1. 了解浓度、温度和催化剂对化学反应速率的影响；

2. 了解 KI 和 $(NH_4)_2S_2O_8$ 反应的反应速率、反应级数、速率常数和活化能的测定方法和原理；

3. 学会水浴中的恒温操作。

二、实验原理

在水溶液中过二硫酸铵与碘化钾发生如下反应：

$$S_2O_8^{2-} + 3I^- \Longrightarrow 2SO_4^{2-} + I_3^- \qquad (2\text{-}15)$$

该反应的反应速率与浓度的关系，可以用式(2-16) 表示：

$$v = -\frac{d[c(S_2O_8^{2-})]}{dt} = k\left[c(S_2O_8^{2-})\right]^m\left[c(I^-)\right]^n \qquad (2\text{-}16)$$

式中，k 为反应速率常数；m 和 n 为 $S_2O_8^{2-}$ 和 I^- 的反应级数，$m+n$ 为总

反应级数；v 为反应的瞬时速率，若 $c(S_2O_8^{2-})$ 和 $c(I^-)$ 为初始浓度，则 v 为初速率（v_0）。实验中只能测出一段时间内反应的平均速率，并近似用平均速率代替初速率，因此有：

$$v_0 = -\frac{\Delta[c(S_2O_8^{2-})]}{\Delta t} = k[c(S_2O_8^{2-})]^m[c(I^-)]^n \qquad (2\text{-}17)$$

为了测出一定时间（Δt）内 $S_2O_8^{2-}$ 浓度的改变量，在混合过二硫酸铵和碘化钾溶液的同时，加入一定体积已知浓度的 $Na_2S_2O_3$ 溶液和淀粉溶液，这样在式(2-15)进行的同时还进行着另一反应：

$$2S_2O_3^{2-} + I_3^- = S_4O_6^{2-} + 3I^- \qquad (2\text{-}18)$$

反应式(2-18)进行得很快，几乎瞬间完成，而反应式(2-15)却进行得非常缓慢。反应式(2-15)生成的 I_3^- 与 $S_2O_3^{2-}$ 反应生成无色的 $S_4O_6^{2-}$ 和 I^-。因此，开始一段时间内溶液呈现无色，当 $Na_2S_2O_3$ 一旦耗尽，则由反应式(2-15)生成的微量碘三负离子就很快与淀粉作用使溶液呈蓝色。

由反应式(2-15)和式(2-18)的关系式可以看出，$S_2O_8^{2-}$ 浓度的减少量，总是等于 $S_2O_3^{2-}$ 减少的一半：

$$\Delta c(S_2O_8^{2-}) = \frac{1}{2}\Delta c(S_2O_3^{2-}) \qquad (2\text{-}19)$$

由于在 Δt 时间内，$S_2O_3^{2-}$ 全部耗尽，所以 $\Delta c(S_2O_8^{2-})$ 实际上就是反应开始时 $Na_2S_2O_3$ 的浓度，本实验中，每份混合液中 $Na_2S_2O_3$ 的起始浓度都是相同的。因而，$\Delta c(S_2O_3^{2-})$ 也是不变的。这样，只要记下从反应开始到溶液出现蓝色所需要的时间 Δt，就可以求算出一定温度下的平均反应速率：

$$v = -\frac{\Delta[c(S_2O_8^{2-})]}{\Delta t} = -\frac{\Delta[c(S_2O_3^{2-})]}{2\Delta t} \qquad (2\text{-}20)$$

根据不同浓度下测得的反应速率，就能计算出该反应的反应级数 m 和 n，又可以从式(2-21)求得一定温度下的反应速率常数。

$$k = \frac{v}{[c(S_2O_8^{2-})]^m[c(I^-)]^n} = -\frac{\Delta[c(S_2O_3^{2-})]}{2\Delta t[c(S_2O_8^{2-})]^m[c(I^-)]^n} \qquad (2\text{-}21)$$

阿伦尼乌斯公式反映了速率常数与温度的关系：

$$\lg k = \frac{-E_a}{2.303RT} + \lg A \qquad (2\text{-}22)$$

式中，E_a 为活化能；R 为气体常数；A 为实验测得的常数。测出不同温度

时的 k 值，以 $\lg k$ 对 $1/T$ 作图，可以得到一条直线，其斜率为 J，即：

$$J = \frac{-E_a}{2.303R} \quad (2\text{-}23)$$

可以求得活化能：$E_a = -2.303RJ$。

三、仪器和药品

1. 实验仪器

恒温水浴锅 1 台、烧杯（50mL）、量筒（10mL，5mL）、秒表、温度计、玻璃棒或电磁搅拌器。

2. 实验药品

$(NH_4)_2S_2O_8(0.20\text{mol} \cdot \text{kg}^{-1})$、$KI(0.20\text{mol} \cdot \text{kg}^{-1})$、$Na_2S_2O_3(0.010\text{mol} \cdot \text{kg}^{-1})$、$KNO_3(0.20\text{mol} \cdot \text{kg}^{-1})$、$(NH_4)_2SO_4(0.20\text{mol} \cdot \text{kg}^{-1})$、$Cu(NO_3)_2$ $(0.02\text{mol} \cdot \text{kg}^{-1})$、淀粉溶液（0.2%）。

四、实验内容

1. 浓度对反应速率的影响

用 3 个量筒分别量取 20mL 的 $0.20\text{mol} \cdot \text{kg}^{-1}$ KI 溶液、6mL 的 $0.010\text{mol} \cdot \text{kg}^{-1}$ $Na_2S_2O_3$ 和 6mL 的 0.2% 淀粉溶液，都倒入 50mL 的烧杯中，混合均匀。再用另一个量筒量取 20mL 的 $0.20\text{mol} \cdot \text{kg}^{-1}$ $(NH_4)_2S_2O_8$ 溶液，迅速倒入烧杯中，同时按下秒表，不断搅拌，仔细观察。当溶液刚刚出现蓝色时，立刻停止计时，将反应时间和室温记录于表 2-9。

表 2-9 浓度对反应速率的影响

实验时间：_____ 室温：_____℃

实验编号		Ⅰ	Ⅱ	Ⅲ	Ⅳ	Ⅴ
试剂用量/mL	$0.20\text{mol} \cdot \text{kg}^{-1}(NH_4)_2S_2O_8$	20	10	5	20	20
	$0.20\text{mol} \cdot \text{kg}^{-1}KI$	20	20	20	10	5
	$0.010\text{mol} \cdot \text{kg}^{-1} Na_2S_2O_3$	6	6	6	6	6
	0.2%淀粉溶液	6	2	2	2	2
	$0.20\text{mol} \cdot \text{kg}^{-1} KNO_3$				10	15
	$0.20\text{mol} \cdot \text{kg}^{-1}(NH_4)_2SO_4$		10	15		
	H_2O		4	4	4	4
52mL 混合液中反应物的起始浓度/mol·kg^{-1}	$(NH_4)_2S_2O_8$					
	KI					
	$Na_2S_2O_3$					

续表

实验编号	Ⅰ	Ⅱ	Ⅲ	Ⅳ	Ⅴ
反应时间 $\Delta t/s$					
$S_2O_8^{2-}$ 浓度变化 $\Delta c(S_2O_8^{2-})/\text{mol} \cdot \text{kg}^{-1}$					
反应速率 v					

用上述方法参照表 2-9 的用量进行Ⅱ～Ⅴ号实验，为了使每次实验中溶液的离子强度和总体积保持不变，所减少的 KI 或者 $(NH_4)_2S_2O_8$ 的用量分别用 $0.20\text{mol} \cdot \text{kg}^{-1}$ KNO$_3$ 和 $0.20\text{mol} \cdot \text{kg}^{-1}$ $(NH_4)_2SO_4$ 来调整。

2. 温度对反应速率的影响

按照表 2-9 中Ⅰ号的用量，在 50mL 干燥小烧杯中加入 KI、Na$_2$S$_2$O$_3$ 和淀粉溶液，在另一个大的干燥大试管中加入 $(NH_4)_2S_2O_8$ 溶液，同时放入冰水浴中冷却，待两种试液均冷却到低于室温 10℃时，将 $(NH_4)_2S_2O_8$ 迅速加到 KI 等混合液中，同时计时并不断搅拌，当溶液变蓝时，记录反应时间。

利用热水浴在高于室温 10℃的条件下，重复上述实验，记录反应时间。将以上实验数据和实验Ⅰ的有关数据计入表 2-10。

表 2-10　温度对反应速率的影响

实验编号	Ⅵ	Ⅶ	Ⅷ
反应温度 $t/℃$	室温	室温+10	室温-10
反应时间 $\Delta t/s$			
反应速率 v			

3. 催化剂对化学反应速率的影响

按实验Ⅰ药品用量进行实验，在 $(NH_4)_2S_2O_8$ 溶液加入 KI 混合液之前，先在 KI 混合液中加入 2 滴 $0.02\text{mol} \cdot \text{kg}^{-1}$ 的 $Cu(NO_3)_2$ 溶液，搅匀，其他操作同实验Ⅰ。

五、实验数据处理

1. 反应级数和反应速率常数的计算

将式（2-16）取对数，得 $\lg v = \lg k + m\lg c(S_2O_8^{2-}) + n\lg c(I^-)$，当 $c(I^-)$ 浓度不变时（实验Ⅰ、Ⅱ、Ⅲ），以 $\lg v$ 对 $\lg c(S_2O_8^{2-})$ 作图，得到一条直线，斜率就是 m。同理，当 $c(S_2O_8^{2-})$ 浓度不变时（实验Ⅰ、Ⅳ、Ⅴ），以 $\lg v$ 对 $\lg c$ (I^-) 作图，得到一条直线，斜率就是 n。此反应级数为 $m+n$。

利用实验中一组实验数据即可求出反应速率常数 k。反应级数和反应速率常数的计算见表 2-11。

表 2-11 反应级数和反应速率常数的计算

实 验 编 号	Ⅰ	Ⅱ	Ⅲ	Ⅳ	Ⅴ
$\lg v$					
$\lg c(S_2O_8^{2-})$					
$\lg c(I^-)$					
m					
n					
反应常数 k					

2. 反应活化能的计算

由式(2-22)可知，测出不同温度下的 k 值，以 $\lg k$ 对 $1/T$ 作图，得直线，斜率为 $-E_a/2.303R$，可求出反应的活化能 E_a（表 2-12）。

表 2-12 反应活化能的计算

实 验 编 号	Ⅵ	Ⅶ	Ⅷ
反应速率常数 k			
$\lg k$			
$1/T$			
反应活化能 E_a			

六、思考题

1. 根据反应方程式，是否能确定反应级数？为什么？试用本实验的结果说明。

2. 若不用 $S_2O_8^{2-}$，而用 I^- 或 I_3^- 的浓度变化来表示反应速率，则反应速率常数 k 是否一样？

3. 实验中为什么可以用反应溶液出现蓝色的时间长短来计算反应速率？反应溶液出现蓝色后，反应是否停止了？

4. 活化能的文献数据 $E_a = 51.8 \text{kJ} \cdot \text{mol}^{-1}$，计算相对误差，并分析误差的原因。

实验六 过氧化氢含量的测定

一、实验目的

1. 了解用高锰酸钾法测定过氧化氢含量的原理和方法；

2. 掌握滴定分析的基本操作。

二、实验原理

过氧化氢是火箭燃料的强氧化剂，是军事上常用的爆炸物质之一。过氧化氢在室温条件下，在稀硫酸溶液中能定量还原高锰酸钾，因此可用高锰酸钾法测定它的含量。其反应式为：

$$5H_2O_2(l)+2MnO_4^-(aq)+6H^+(aq)\!=\!=\!2Mn^{2+}(aq)+5O_2(g)+8H_2O(l)$$

开始反应时速率慢，滴入第一滴溶液不容易褪色，待 Mn^{2+} 生成之后，由于 Mn^{2+} 的催化作用，加快了反应速率，故能一直顺利地滴定到终点。

MnO_4^- 本身呈深紫色，在酸性溶液中，被还原为 Mn^{2+}（几乎无色），在滴定无色或浅色离子时，在滴定过程中无需加指示剂，高锰酸钾自身作为指示剂，这是高锰酸钾滴定法的优点之一。

过氧化氢在反应过程中失去电子被氧化为 O_2，半反应式为：

$$H_2O_2(l)\!=\!=\!2H^+(aq)+O_2(g)+2e^-$$

根据 $KMnO_4$ 溶液物质的量的浓度和滴定消耗的体积，即可计算溶液中 H_2O_2 的质量分数。其计算方法如下：

$$H_2O_2\ 的质量分数=\frac{5\times34.02\,b(KMnO_4)V(KMnO_4)}{2m(H_2O_2)\times1000}\times100\%\quad(2\text{-}24)$$

式中，$b(KMnO_4)$ 为 $KMnO_4$ 标准溶液的浓度，$mol\cdot kg^{-1}$；$V(KMnO_4)$ 为 $KMnO_4$ 标准溶液的体积，mL；$m(H_2O_2)$ 为试样 H_2O_2 的质量，g；34.02 为 H_2O_2 在滴定反应中的摩尔质量。

三、仪器和药品

1. 实验仪器

铁架、移液管（25mL）、滴定管夹、烧杯、小滴管、表面皿、白瓷板锥形瓶、吸气橡皮球、玻璃棒、酸式滴定管（棕色，50mL）。

2. 实验药品

标准 $KMnO_4$ 溶液（$0.02mol\cdot kg^{-1}$）、H_2SO_4（$3mol\cdot kg^{-1}$）、H_2O_2 试液（约 3%～5%）。

四、实验内容

1. $KMnO_4$ 标准溶液的配制与标定（可由实验室标好供给）

（1）$KMnO_4$ 溶液的配制（$0.02mol\cdot kg^{-1}$）

称取约 1.6g $KMnO_4$，溶于 500mL 水中，盖上表面皿，加热至沸并保持微沸状态 1h，冷却后，用微孔玻璃漏斗过滤，滤液贮存于清洁带塞的棕色瓶中。最好将溶液于室温下静置 2~3d 后过滤备用。

（2）$KMnO_4$ 溶液的标定

标定 $KMnO_4$ 溶液的基准物质有 $Na_2C_2O_4$、$H_2C_2O_4 \cdot 2H_2O$、$(NH_4)_2Fe(SO_4)_2 \cdot 6H_2O$ 等，其中以 $Na_2C_2O_4$ 较常用。

在 H_2SO_4 溶液中，$KMnO_4$ 和 $Na_2C_2O_4$ 的反应式如下：

$$2MnO_4^- + 5C_2O_4^{2-} + 16H^+ == 10CO_2 \uparrow + 2Mn^{2+} + 8H_2O$$

标定步骤：准确称取 0.15~0.20g 基准 $Na_2C_2O_4$ 三份，分别置于 250mL 锥形瓶中，加 60mL 水使之溶解。加入 15mL(1+5)H_2SO_4，加热到 75~85℃，趁热用 $KMnO_4$ 滴定。开始滴定时反应速率很慢，待溶液中产生了 Mn^{2+} 之后，由于 Mn^{2+} 的催化作用，使反应速率加快。如此小心滴定溶液至微红色在 1min 内不消失即为终点。终点时溶液的温度应在 60℃ 以上。

根据每份滴定中 $Na_2C_2O_4$ 的质量和消耗的 $KMnO_4$ 溶液的体积，计算 $KMnO_4$ 溶液的浓度，平均相对偏差应不大于 0.2%，否则需重做。

2. H_2O_2 含量的测定

用移液管吸取 25.00mL 试液置于 250mL 锥形瓶中，加 60mL 去离子水、30mL 3mol·kg^{-1} H_2SO_4。用 0.02mol·kg^{-1} $KMnO_4$ 标准溶液滴定至微红色在 1min 内不消失即为终点。

平行测定不得少于三次。三份测定的平均偏差应小于 0.5%，否则应继续重复测定。

根据 $KMnO_4$ 标准溶液的浓度和滴定过程中消耗的体积，计算试样中 H_2O_2 的含量。

五、实验注意事项

① 去离子水中常含有少量的还原性物质，使 $KMnO_4$ 还原为 $MnO_2 \cdot nH_2O$。细粉状的 $MnO_2 \cdot nH_2O$ 能加速 $KMnO_4$ 的分解，故通常将 $KMnO_4$ 溶液煮沸一段时间，冷却后，滤去 $MnO_2 \cdot nH_2O$ 沉淀。

② 在室温下，$KMnO_4$ 与 $C_2O_4^{2-}$ 的反应速率缓慢，须将溶液加热，但温度不能太高，否则有部分 $H_2C_2O_4$ 分解：$H_2C_2O_4 == CO_2 \uparrow + CO \uparrow H_2O$。

③ MnO_4^- 与 $C_2O_4^{2-}$ 的反应速率较慢，但反应生成少量 Mn^{2+} 之后，由于 Mn^{2+} 的催化作用，加快了反应速率。

④ 滴定速度不能太快，否则在高温时 $KMnO_4$ 分解，引起误差。

六、思考题

1. 用 $KMnO_4$ 法测定 H_2O_2 时，能否用 HNO_3 或 HCl 控制溶液酸度？为什么？

2. 配制 KMnO$_4$ 标准溶液时，为什么需用煮沸 1h 后并冷却了的去离子水？

3. 已标定的 KMnO$_4$ 溶液放置一段时间后，为什么要重新标定其浓度？

实验七　高分子化合物

一、实验目的

1. 通过有机玻璃的合成了解低分子化合物聚合形成高分子化合物的过程；

2. 了解几种典型高分子化合物的性质。

二、实验原理

① 由一种或多种单体通过加成反应，相互结合成为高分子化合物的反应叫作加聚反应。例如，甲基丙烯酸甲酯单体在过氧化二苯甲酰引发剂作用下，发生自由基加聚反应，生成聚甲基丙烯酸甲酯（俗名有机玻璃）。

$$nCH_2=\underset{COOCH_3}{\overset{CH_3}{C}} \longrightarrow \left[CH_2-\underset{COOCH_3}{\overset{CH_3}{C}} \right]_n$$

② 线型高分子化合物在一定条件下可溶、可熔。因此，利用这一性质可将其黏合。

③ 环氧树脂的粘接性　在环氧树脂中加入固化剂（如乙二胺、二乙烯三胺等），由于固化剂与环氧树脂的环氧基或羟基起反应，形成体型结构，因而使环氧树脂固化。乙二胺与环氧树脂两端的环氧基的反应可表示如下：

环氧树脂经固化剂固化后，与线型高聚物不同，具有不溶、不熔的性质。

④ 有机高分子化合物的燃烧性　有机高分子化合物一般都能燃烧，但由于组成成分不同，其燃烧时表现出来的特性亦不同，见表 2-13，因此常用燃烧法简易识别有机高分子化合物。

表 2-13　常见有机高分子化合物的燃烧性能

塑料名称	燃烧难易	离火后是否继续燃烧	火焰状态	表面状态	气味
聚氯乙烯	难	不延燃	黄色有烟	软化	HCl 气味
聚乙烯	易	能燃	蓝色	熔化滴落	石蜡气味
聚苯乙烯	易	能燃	冒黑烟	软化、起泡	苯乙烯味
聚四氟乙烯	不燃	—	—	—	—
有机玻璃	易	能燃	黄色	熔化	有香味
电木	缓燃	不延燃	黄色	膨胀	木材和酚味
ABS 树脂	易	能燃	黄色、黑色	软化、烧焦	苯乙烯味
尼龙	缓燃	易熄灭	蓝黄色	滴落、起泡	似羊毛烧焦味

三、仪器和药品

1. 实验仪器

试管、试管架、试管夹、酒精灯、火柴、烧杯（250mL）、温度计、铁架台、粘接件坩埚钳、滴管、镊子、玻璃棒、水浴、塑料热合机。

2. 实验药品

硫酸（H_2SO_4，$3mol \cdot kg^{-1}$）、氢氧化钠（NaOH，$2mol \cdot kg^{-1}$）、甲苯（$C_6H_5CH_3$）、酒精（C_2H_5OH）、丙酮（CH_3COCH_3）、三氯甲烷（$CHCl_3$）、汽油、甲基丙烯酸甲酯（单体）、环氧树脂、二乙烯三胺[$NH(CH_2CH_2NH_2)_2$，或乙二胺]、塑料薄膜、聚氯乙烯、聚乙烯、有机玻璃、电木、生橡胶、橡皮（硬、软）、酚醛树脂、尼龙布、聚苯乙烯、过氧化二苯甲酰。

四、实验内容

1. 高分子化合物的合成——甲基丙烯酸甲酯的聚合

制备有机玻璃，一般是将单体——甲基丙烯酸甲酯置于特制的模型中，直接制成管状、棒状或板状物。由于反应时放热且反应物黏度不断增大，不容易传递热量，容易产生局部过热致使单体（沸点 101℃）汽化或聚合物裂解，使产品内产生气泡影响质量。因此，进行本实验的关键是严格控制反应速率（加入引发剂量要适合；控制反应过程中的温度），以避免出现气泡。

实验方法：取一清洁的干燥小试管，倒入 3mL 甲基丙烯酸甲酯及引发剂——过氧化二苯甲酰[注1]少许，然后将试管放入一盛有热水（90～95℃）的恒温水浴中，用玻璃棒搅拌，直到过氧化二苯甲酰溶解。开始加热，水位应始终高于试管内单体的液面 1cm 以上。

加热分两阶段进行。第一阶段，使水温控制在 90～95℃ 之间，直到试管内液体明显地变得比较黏稠为止（注意观察！）；第二阶段，取出试管，将试管放入另一盛 80℃ 热水的水浴中，使水温始终严格保持在 80℃（水温过高容易起泡，过低则聚合速率较慢，不能在实验时间内成为固体），直到反应物完全变成坚硬固体为止。在第二阶段加热到一定时间后，可在反应物中首先看到一个与原液体有一明显界面的透明点，这实际就是形成固相的开始，随后逐渐长大，至充满整个液态。完全成为透明固体后，用铁锤轻轻敲破试管（为了安全可用纸将试管裹一下再敲）即得棒状有机玻璃成品（也可在加热第一阶段完成后，将装有比较黏稠的有机玻璃的试管立即取出放入预先准备好的冰水浴中冷却 1h，而后取出于室温下静置 3～4d 可得到同样的棒状有机玻璃成品）。

［注1］过氧化二苯甲酰：白色粉末状固体，易溶于苯、丙酮等有机溶剂，微溶于水。它是一种容易燃烧的物质，在受热或摩擦时能发生爆炸。一般贮存温度应低于 25℃，并注入 25%～30% 的水。

过氧化二苯甲酰是自由基加聚反应中常用的一种引发剂，在溶液中加热分解，产生自由基。

$$C_6H_5-\underset{\underset{O}{\|}}{C}-O-O-\underset{\underset{O}{\|}}{C}-C_6H_5 \longrightarrow 2C_6H_5-\overset{\cdot}{\underset{\underset{O}{\|}}{C}} \longrightarrow 2\dot{C}_6H_5 + 2CO_2\uparrow$$

自由基与单体作用形成活性单体，如此使反应得以不断进行，形成高聚物。

使用过氧化二苯甲酰时，为除去其中的水分可用滤纸轻轻挤压，吸干水分。过氧化二苯甲酰的用量必须合适，一般 3mL 甲基丙烯酸甲酯需加入 0.015g 干燥的过氧化二苯甲酰。为了简便，本实验不进行称量，约放入一粒绿豆大小的引发剂（注意观察教员的演示），不可贪多或过少。

2. 高分子化合物的粘接性

（1）使用胶黏剂粘接——如利用环氧树脂粘接

① 粘接物件表面的处理　将要粘接之物件（如金属零件、玻璃器皿、陶瓷制品、木制品等）进行清洁处理（对金属零件先用砂纸打磨去锈，用稀碱溶液处理去油，最后用水冲洗干净并保持表面干燥。对玻璃、陶瓷上之油污可用洗涤剂处理或用少量丙酮擦拭。对木材要用砂纸打磨去掉表面油污、灰尘，并用干布擦拭）。

② 用木棍或玻璃棒蘸粘接剂[注2]少许，涂在已经过表面处理（清洁）的需粘接部位上，将两部分需要粘接的并涂有粘接剂的物件压紧（或用线、夹子等使之固定），在常温下放置 2d。若要缩短固化时间，可在 100℃ 烘箱中烘 2h。

［注2］环氧树脂粘接剂：由实验室事先调配好，全班共用一份。其成分如下：

配方一：

环氧树脂　　　　　　　　100g

二乙烯三胺（固化剂）　　6～8g（约相当于 1g 环氧树脂加 2 滴二乙烯三胺）

调好后之上述粘接剂，在 40～50min 内使用均有效，时间过长则已明显固化不能使用，故应根据胶黏面积的大小来调配胶黏剂，避免造成浪费。

胶黏后对其他不需粘接部位若沾有胶黏剂，可用棉花蘸丙酮少许及时擦拭。进行粘接实验时，为防止实验台上粘上胶黏剂，应在实验台上垫以报纸。

配方二：6011$^\#$ 环氧树脂 4g，604$^\#$ 环氧树脂 3.2g，618$^\#$ 环氧树脂 0.8g，聚酚氧 0.6g。按上述组分称量后，将 6011$^\#$ 环氧树脂与 604$^\#$ 环氧树脂混合加热熔化后，加入聚酚氧继续加热至 280℃熔融，然后冷却到 100℃加入 618$^\#$ 环氧树脂，不断搅拌待冷却至室温得到热熔胶。

（2）线型结构分子化合物的自黏合

① 溶剂粘接法　取两个需要粘接的有机玻璃部件用水洗净擦干后，表面均匀地涂上一层 $CHCl_3$（或用注射器在粘接部位缝间注入三氯甲烷），然后将它们叠合在一起，加压约 10min 后，观察其粘接的情况。

② 热熔粘接法　取两小块聚氯乙烯薄膜或聚乙烯薄膜叠合在一起，在塑料薄膜热合机上加热片刻，可使两块薄膜熔融而粘接起来（例如制成一个塑料袋）。

3. 高分子化合物的燃烧性

用坩埚钳先后分别夹取聚乙烯、聚氯乙烯、电木、有机玻璃、聚苯乙烯、尼龙各一块，放在酒精灯上加热，对照塑料的燃烧性表，观察并记录其燃烧现象的特性。

4. 高分子化合物的耐腐蚀性

取两只试剂瓶，各倒入 3mol·kg^{-1} H_2SO_4 50mL，再分别加入一片聚乙烯和一片聚氯乙烯，观察现象。

同法，以 2mol·kg^{-1} NaOH 代替 H_2SO_4 重复上述实验，观察现象。

5. 高分子化合物的溶解性[注3]

① 取聚苯乙烯、聚氯乙烯各少许，分别装入两只试剂瓶中，各加入甲苯（或苯）20mL，观察其溶解情况。

② 取少量邻苯二甲酸甘油树脂、热塑性酚醛树脂和电木块（含体型酚醛树脂），分别装入 3 只试剂瓶中，各加入酒精 20mL，观察其是否都溶解。

③ 取硬橡皮、软橡皮、生橡胶各一小片放入试剂瓶中，加入汽油 20mL，放置一段时间，观察有何现象。

[注 3] 实验 4、5 为演示实验，事先由实验室准备好耐腐蚀性样品及溶解样品。学员自己不单独做。

五、思考题

1. 环氧树脂的分子结构有何特征？用它作胶黏剂时，为什么要加固化剂？

2. 线型结构与体型结构高聚物性质上主要有何不同?

实验八　　电解和配合物

一、实验目的

1. 了解电解的装置、原理及两极反应的规律;
2. 了解几种不同类型的配离子的形成和特性。

二、实验原理

1. 电解

使电流通过电解质溶液（或熔融液）而引起氧化还原反应的过程叫作电解。电解水溶液时，溶液中除电解质本身电离出来的正负离子外还有水电离出来的 H^+ 和 OH^-，它们也可以参加两极反应。在两极上析出的产物除决定于物质的电极电势外还与电极材料、超电势等因素有关。

2. 配合物及其性质

由一个简单的离子和几个中性分子或其他离子结合而形成的复杂离子叫作配离子。带有正电荷的配离子叫作正配离子，带有负电荷的配离子叫作负配离子，含有配离子的化合物叫作配合物。

配离子在溶液中也能或多或少地离解成简单离子或分子。例如 $[Cu(NH_3)_4]^{2+}$ 配离子在溶液中存在下列离解平衡:

$$[Cu(NH_3)_4]^{2+}(aq) \rightleftharpoons Cu^{2+}(aq) + 4NH_3(g)$$

$$K_{\text{不稳}}^{\ominus} = \frac{[b^{eq}(Cu^{2+})/b^{\ominus}][b^{eq}(NH_3)^4/b^{\ominus}]}{\{b^{eq}[Cu(NH_3)_4]^{2+}/b^{\ominus}\}} \qquad (2\text{-}25)$$

此平衡常数叫作不稳定常数 $K_{\text{不稳}}$，表示该配离子离解成简单离子的趋势的大小，也就是表示该配离子的不稳定程度。

配离子不稳定常数的倒数是稳定常数 $K_{\text{稳}}$，表示该配离子的稳定程度。

三、仪器和药品

1. 实验仪器

试管、试管架、牛角匙、小滴管、导线、洗瓶、铁架台、铁夹、U 形管、炭棒电极、直流电源。

2. 实验药品

氯化钠（$NaCl$，饱和溶液）、酚酞（1%）、甲基橙（0.1%）、淀粉碘化钾试纸、硫酸铜（$CuSO_4$，电解液）、硫酸钠（饱和溶液）、硫酸（H_2SO_4，$3mol \cdot kg^{-1}$）、氢氧化钠（NaOH，$0.1mol \cdot kg^{-1}$）、氨水（$NH_3 \cdot H_2O$，$6mol \cdot kg^{-1}$）、硫氰酸钾（KSCN，$0.1mol \cdot kg^{-1}$）、碘化钾（KI，$0.1mol \cdot kg^{-1}$）、氟化钠（NaF，$0.1mol \cdot kg^{-1}$）、硫代硫酸钠（$Na_2S_2O_3$，$1mol \cdot kg^{-1}$）、硫酸钠（Na_2SO_4，$0.1mol \cdot kg^{-1}$）、氯化钠（NaCl，$0.1mol \cdot kg^{-1}$）、碳酸钠（Na_2CO_3，$0.1mol \cdot kg^{-1}$）、硫化钠（Na_2S，$0.1mol \cdot kg^{-1}$）、氯化铁（$FeCl_3$，$0.1mol \cdot kg^{-1}$）、硫酸铜（$CuSO_4$，$0.5mol \cdot kg^{-1}$）、氯化汞（$HgCl_2$，$0.1mol \cdot kg^{-1}$）、硝酸银（$AgNO_3$，$0.1mol \cdot kg^{-1}$）。

［注］电解液是由150g硫酸铜溶于含有50g硫酸（密度$1.84g \cdot cm^{-3}$）及50mL乙醇的1L水溶液中配制而成的。

四、实验内容

1. 电解

（1）电解饱和NaCl溶液

在U形管内注入饱和NaCl溶液，同时往U形管两端各滴入1滴酚酞溶液，将炭棒电极插入U形管中，接通直流电源（6V），如图2-10所示。通电2～3min后，两极都有气泡产生，用湿润的淀粉碘化钾试纸检验阳极管口析出的气体，同时观察阴极附近溶液颜色的变化，解释上述现象。

（2）电解Na_2SO_4溶液

按图2-10所示装置，将Na_2SO_4溶液注入U形管，在U形管一端滴入1～2滴酚酞溶液，插入炭棒电极，并使其与电源的负极相连。另一端滴入1～2滴甲基橙溶液，插入炭棒电极，并使其与电源正极相连。接通直流电源，通电2～3min后，观察Na_2SO_4溶液的两极周围颜色的变化及两极气体的逸出（各是何种气体？），解释上述现象。

（3）电解$CuSO_4$溶液

按图2-10所示装置，将$CuSO_4$溶液注入U形管，在U形管一端插入炭棒电极，并使其与电源的负极相连。另一端滴入1～2滴甲基橙溶液，插入炭棒电极，并使其与电源正极相连。接通直流电源，通电2～3min后，观察$CuSO_4$溶液的阳极周围颜色的变化及阴极炭棒上的变化，解释上述现象。

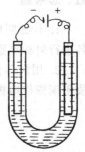

图 2-10 电解
实验装置

2. 配合物及其性质

（1）含正配离子的配合物的性质

① 往试管中加入约2mL $0.5mol \cdot kg^{-1}$ $CuSO_4$溶液，逐滴加入$6mol \cdot kg^{-1}$

氨水溶液，观察生成沉淀的颜色。继续滴加氨水，直到最初生成的沉淀溶解为止。然后将所得的[Cu(NH_3)_4]SO_4溶液，分装在3支试管中往第1支试管中滴入1滴0.1mol·kg^{-1} Na_2S溶液，第2支试管中滴入1～2滴0.1mol·kg^{-1} NaOH溶液，第3支试管中逐滴加入3mol·kg^{-1} H_2SO_4溶液。观察现象并简单解释。

② 取一支试管向其中加入5滴0.1mol·kg^{-1} AgNO_3溶液，再加入1滴0.1mol·kg^{-1} NaCl溶液，观察有何沉淀生成。待沉淀生成后，边滴加6mol·kg^{-1}氨水、边摇动试管，至沉淀刚溶解，这是什么原因？生成了什么物质？最后在试管中再滴加2～3滴0.1mol·kg^{-1} Na_2S溶液，有何现象？它说明了什么问题？

(2) 含负配离子的配合物的性质

① 往1支试管中加入约3滴0.1mol·kg^{-1} HgCl_2溶液（有毒！），逐滴加入0.1mol·kg^{-1} KI溶液，注意观察有何颜色物质生成，继续滴加KI溶液又有何现象，为什么？写出离子方程式。

② 往1支试管中加入5滴0.1mol·kg^{-1} AgNO_3溶液，再滴加0.1mol·kg^{-1} Na_2CO_3溶液至生成沉淀（有何颜色？），然后边摇动边滴加1mol·kg^{-1} Na_2S_2O_3溶液，观察有何现象，生成什么物质，写出离子方程式。

③ 配离子的形成与转化 往1支试管中加入1滴0.1mol·kg^{-1} FeCl_3溶液，加水稀释至无色，加入1滴0.1mol·kg^{-1} KSCN溶液，再逐滴加入0.1mol·kg^{-1} NaF溶液。观察现象并简单解释。

五、思考题

1. 什么叫电解作用？和电源正极、负极相连的极分别是什么极？在两极上各进行何种类型的反应？

2. 用炭棒作电极分别电解 NaCl、Na_2SO_4水溶液，两极产物各是什么？若改用铜棒作电极，两极产物又各是什么？

实验九　电解质溶液

一、实验目的

1. 掌握弱电解质的电离平衡及其移动；
2. 了解缓冲溶液的配制及其性质；
3. 了解难溶电解质的多相离子平衡及溶度积规则；

4. 学习离心分离和 pH 试纸的使用等基本操作。

二、实验原理

1. 弱电解质在溶液中的电离平衡及其移动

若 AB 为弱酸或弱碱，则其在水溶液中存在下列电离平衡：

$$AB(aq) \Longrightarrow A^+(aq) + B^-(aq)$$

达到平衡时，未电离的 AB 浓度和已电离成离子的浓度的关系为：

$$\frac{[b(A^+)/b^\ominus][b(B^-)/b^\ominus]}{b(AB)/b^\ominus} = K_i \quad (\text{电离常数}) \qquad (2\text{-}26)$$

在此平衡体系中，若加入含有相同离子的强电解质，即增加 A^+ 或 B^- 的浓度，则平衡向生成 AB 的方向移动，使弱电解质 AB 的电离度降低，这种效应叫作同离子效应。

2. 缓冲溶液

弱酸及其盐（例如 HAc 和 NaAc）或弱碱及其盐（例如氨水和 NH_4Cl）的混合溶液，能在一定程度上对外来的酸或碱起缓冲作用，即当另外加入少量酸、碱或稀释时，此混合溶液的 pH 值变化不大，这种溶液叫作缓冲溶液。

3. 难溶电解质的多相离子平衡、溶度积规则

在难溶电解质的饱和溶液中，未溶解的固体和溶解后形成的离子间存在多相离子平衡。例如，在含有过量 PbI_2 的饱和溶液中，存在下列平衡：

$$PbI_2(s) \Longrightarrow Pb^{2+}(aq) + 2I^-(aq)$$

$$K_s(PbI_2) = b(Pb^{2+})b(I^-)^2 \qquad (2\text{-}27)$$

K_s 表示在难溶电解质的饱和溶液中难溶电解质离子浓度（以其系数为指数）的乘积，叫作溶度积。$K_s(PbI_2)$ 表示二碘化铅的溶度积。

根据溶度积规则可以判断沉淀的生成和溶解，例如：

$b(Pb^{2+})b(I^-)^2 > K_s(PbI_2)$，有沉淀析出或溶液过饱和；

$b(Pb^{2+})b(I^-)^2 = K_s(PbI_2)$，溶液正好饱和；

$b(Pb^{2+})b(I^-)^2 < K_s(PbI_2)$，溶液未饱和，无沉淀析出。

如果设法降低含有难溶电解质沉淀的饱和溶液中某一离子的浓度，使离子浓度乘积小于其溶度积，则沉淀就溶解。

如果溶液中含有两种或两种以上的离子都能与加入的某种试剂（沉淀剂）反应生成难溶电解质时，沉淀的先后次序决定于所需沉淀剂离子浓度的大小。需要沉淀剂离子浓度较小的先沉淀，需要沉淀剂离子浓度较大的后沉淀。这种先后沉淀的现象叫作分步沉淀。例如，往含有 Cu^{2+} 和 Cd^{2+} 的混合溶液中（若 Cu^{2+}、

Cd^{2+} 浓度相差不太大）加入少量沉淀剂 Na_2S，由于 $K_s(CuS)=8.5\times10^{-45}$ $(18℃)\ll K_s(CdS)=3.6\times10^{-29}$ $(18℃)$，Cu^{2+} 与 S^{2-} 的浓度乘积将先达到 CuS 溶度积，黑色 CuS 先沉淀析出，继续加入 Na_2S，等到 $b(Cd^{2+})b(S^{2-})>K_s$ (CdS)时，黄色 CdS 才沉淀析出。

使一种难溶电解质转化为另一种难溶电解质，即把一种沉淀转换为另一种沉淀的过程，叫作沉淀的转化。一般来说，溶度积较大的难溶电解质容易转化为溶度积较小的难溶电解质。

三、仪器和药品

1. 实验仪器

试管、试管架、试管夹、玻璃棒、离心机（公用）、酒精灯、洗瓶、铁架、铁圈、离心试管、石棉铁丝网、量筒（10mL）、烧杯（100mL 及 50mL）。

2. 实验药品

醋酸（HAc，$0.1mol\cdot kg^{-1}$）、盐酸（HCl，$0.1mol\cdot kg^{-1}$）、氢硫酸（H_2S，饱和溶液）、氨水（$NH_3\cdot H_2O$，$0.1mol\cdot kg^{-1}$、浓）、氢氧化钠（NaOH，$0.1mol\cdot kg^{-1}$）、硝酸银（$AgNO_3$，$0.1mol\cdot kg^{-1}$）、硝酸铅 $[Pb(NO_3)_2$，$0.1mol\cdot kg^{-1}]$、氯化镉（$CdCl_2$，$0.1mol\cdot kg^{-1}$）、硫酸铜（$CuSO_4$，$0.1mol\cdot kg^{-1}$）、铬酸钾（K_2CrO_4，$0.1mol\cdot kg^{-1}$）、碘化钾（KI，$0.1mol\cdot kg^{-1}$）、氯化镁（$MgCl_2$，$0.1mol\cdot kg^{-1}$）、醋酸铵（NH_4Ac，固）、氯化铵（NH_4Cl，$0.1mol\cdot kg^{-1}$）、醋酸钠（NaAc，$1mol\cdot kg^{-1}$）、氯化钠（NaCl，$0.1mol\cdot kg^{-1}$ 或 $1mol\cdot kg^{-1}$）、硫化钠（Na_2S，$0.1mol\cdot kg^{-1}$）、锌粒（CP）、甲基橙（0.1%）、酚酞（1%）、pH 试纸。

四、实验内容

1. 强弱电解质溶液的比较

用 pH 试纸测定 $0.1mol\cdot kg^{-1}$ HCl 溶液和 $0.1mol\cdot kg^{-1}$ HAc 溶液的 pH 值，并与计算值比较。然后往 2 支试管中分别加入 2mL $0.1mol\cdot kg^{-1}$ HCl 溶液或 2mL $0.1mol\cdot kg^{-1}$ HAc 溶液，再各加入一小颗锌粒并加热试管，观察哪支试管中产生氢气的反应比较剧烈。

2. 弱电解质溶液中的电离平衡及其移动

① 往试管中加入约 2mL $0.1mol\cdot kg^{-1}$ 氨水溶液，再滴入 1 滴酚酞溶液，观察溶液显什么颜色。然后将此溶液分盛于 2 支试管中，往 1 支试管中加入一小勺醋酸铵固体，摇荡使之溶解，观察溶液的颜色，并与另 1 支试管中的溶液相比较。根据以上实验指出同离子效应对电离度的影响。

② 取 2 支离心试管，各加入 1~2mL H_2S 饱和溶液及 1 滴甲基橙溶液，观察溶液显何色（为什么?）。往 1 支试管中，滴入数滴 0.1mol·kg^{-1} $AgNO_3$ 溶液，观察黑色沉淀的生成和溶液颜色的变化。写出有关反应式并说明原因。

3. 缓冲溶液的配制和性质

① 往 2 支试管中各加入 3mL 去离子水，用 pH 试纸测定其 pH 值，再分别加入 1 滴 0.1mol·kg^{-1} HCl 溶液或 0.1mol·kg^{-1} NaOH 溶液，测定它们的 pH 值。

② 往 1 只小烧杯中，加入 1mol·kg^{-1} HAc 溶液和 1mol·kg^{-1} NaAc 溶液各 5mL（用量筒尽可能准确量取），用玻璃棒搅匀，配制成 HAc-NaAc 缓冲溶液。用 pH 试纸测定该溶液的 pH 值，并与计算值比较。

取 3 支试管，各加入此缓冲溶液 3mL，然后分别加入 1 滴 0.1mol·kg^{-1} HCl 溶液、0.1mol·kg^{-1}NaOH 溶液及去离子水，再用 pH 试纸分别测定它们的 pH 值；与原来缓冲溶液的 pH 值比较。pH 值是否变化？比较①、②的实验情况，并总结缓冲溶液的特性。

4. 沉淀的生成和分步沉淀

① 往试管中加入 2 滴 0.1mol·kg^{-1} $AgNO_3$ 溶液，再逐滴加入 5 滴 0.1mol·kg^{-1} K_2CrO_4 溶液，观察沉淀的生成和颜色。

同上操作，用 0.1mol·kg^{-1} NaCl 溶液代替 0.1mol·kg^{-1} K_2CrO_4 溶液，观察实验现象。

② 往离心试管中加入 6 滴 0.1mol·kg^{-1} NaCl 溶液和 2 滴 0.1mol·kg^{-1} K_2CrO_4 溶液，稀释至 2mL，摇匀并逐滴加入 6~8 滴 0.1mol·kg^{-1} $AgNO_3$ 溶液（边滴边摇）后，离心沉降。观察生成的沉淀的颜色（注意沉淀和溶液颜色的差别!）。再往清液中滴加数滴 0.1mol·kg^{-1} $AgNO_3$ 溶液，会出现什么颜色的沉淀？根据沉淀颜色的变化（并通过有关溶度积的计算），判断哪一种难溶物先沉淀。

③ 取 1 支离心试管，加入 3 滴 0.1mol·kg^{-1} $CuSO_4$ 溶液和 6 滴 0.1mol·kg^{-1} $CdCl_2$ 溶液，稀释至 2mL，摇匀后逐滴加入数滴 0.1mol·kg^{-1} Na_2S 溶液，观察先生成的沉淀是黄色还是黑色。离心沉降后，再往清液中滴加数滴 0.1mol·kg^{-1} Na_2S 溶液，观察出现什么颜色的沉淀。试根据有关溶度积数据予以解释。

5. 沉淀的溶解和转化

① 往试管中加入 2mL 0.1mol·kg^{-1} $MgCl_2$ 溶液，并滴入数滴浓氨水溶液，观察沉淀的生成。再向此溶液加入少量 NH_4Cl 固体，摇荡，观察原有沉淀是否溶解，用离子平衡移动的观点解释上述现象。

② 取 1 支离心试管，加入 0.1mol·kg^{-1} $Pb(NO_3)_2$ 溶液和 1mol·

kg^{-1}NaCl 溶液各 10 滴。离心分离，弃去清液，往沉淀中滴加 0.1mol·kg^{-1} KI 溶液并剧烈搅拌，观察沉淀颜色的变化。说明原因并写出有关反应方程式。

五、思考题

1. 同离子效应对弱电解质的电离度及难溶电解质的溶解度各有什么影响？

2. 如何配制缓冲溶液，并实验其缓冲性质？

3. 如何进行沉淀和溶液的分离？在离心分离操作中有哪些应注意之处？

实验十 金属摩尔质量的测定

一、实验目的

1. 了解用置换法测定金属摩尔质量的方法；

2. 掌握气体状态方程式和分压定律的有关计算；

3. 掌握量气管的使用方法。

二、实验原理

测定金属摩尔质量的方法有多种，例如置换法、电解法等。

活泼金属（镁、锌、铝等）与稀酸作用时放出氢气。氢气的质量与消耗掉的金属质量之比同它们的摩尔质量有关。

本实验中用置换法测定金属镁的摩尔质量。将已知质量的镁与过量的稀酸作用，用排水集气法测量被置换出氢气的体积，并利用气体状态方程式计算氢气的质量：

$$p(\text{H}_2)V(\text{H}_2) = \frac{m(\text{H}_2)}{M(\text{H}_2)}RT \tag{2-28}$$

式中，$p(\text{H}_2)$ 为氢气的压力，Pa；$V(\text{H}_2)$ 为置换出氢气的体积，mL；$m(\text{H}_2)$ 为置换出氢气的质量，g；$M(\text{H}_2)$ 为氢气的摩尔质量，g·mol^{-1}；T 为氢气的温度，K；R 为摩尔气体常数。

由于在量气管内收集的氢气是被水蒸气所饱和的，根据分压定律，量气管内的气压 p（等于大气压力）是氢气的分压 $p(\text{H}_2)$ 与实验温度（t℃）时饱和水蒸气的分压 $p(\text{H}_2\text{O})$ 的总和，即：

$$p(大气)=p(H_2)+p(H_2O) \tag{2-29}$$

所以
$$p(H_2)=p(大气)-p(H_2O) \tag{2-30}$$

$$m(H_2)=\frac{M(H_2)[p(大气)-p(H_2O)]V(H_2)\times10^{-6}}{R(273.15+t)} \tag{2-31}$$

式中，p（大气）为气压计读出的大气的压力[注1]；t 为实验时氢气的温度，℃。

[注1] 福廷式气压计读出的气压是以毫巴为单位的，只要乘以 100 即转换成以帕斯卡（Pascal，简称帕 Pa）为单位的气压值。例如气压计读数 1013.25mbar，则 1013.25×100＝101325（Pa）。

金属镁的摩尔质量由下式算出：

$$\frac{M(H_2)}{M(Mg)}=\frac{m(H_2)}{m(Mg)}$$

所以
$$M(Mg)=\frac{M(H_2)m(Mg)}{m(H_2)}$$

$$M(Mg)=\frac{m(Mg)R(273.15+t)}{[p(大气)-p(H_2O)]V(H_2)\times10^{-6}} \tag{2-32}$$

式中，$m(Mg)$ 为参加反应的金属镁的质量，g；$M(H_2)$ 为氢气的摩尔质量，$2.016g\cdot mol^{-1}$；$M(Mg)$ 为金属镁的摩尔质量，$g\cdot mol^{-1}$。

三、仪器和药品

1. 实验仪器

测定金属摩尔质量的装置（量气管[注2]、水准球、橡皮管、铁架、滴定管夹、铁圈、橡皮塞）、烧杯（250mL）、竹镊子、玻璃棒、洗瓶、温度计（公用）、气压计（公用）。

[注2] 量气管的容量不应小于 50mL，读数可估计到 0.01mL，本实验用碱式滴定管代替。

2. 实验药品

硫酸（H_2SO_4，$2mol\cdot kg^{-1}$）、镁条（Mg，CP）、甘油[$C_3H_5(OH)_3$]。

四、实验内容

1. 仪器装置和漏气检查

按照图 2-11 实验装置，令水准球的位置高出量气管约 30cm。用小烧杯将约 100mL $2mol\cdot kg^{-1}$ H_2SO_4 溶液从水准球注入，使量气管内硫酸液面略低于刻度零处（注意千万不可使液面高出刻度零处！）。然后将已称好的镁条

（镁条质量在 $0.03\sim0.04g$ 之间为宜）用甘油湿润一下，用镊子送入量气管内壁并贴于量气管的上部，并用玻璃棒推动镁条使镁条与酸液面距离约 $1\sim2cm$（如图 2-12 所示）。塞好橡皮塞（注意一定要塞紧！），将水准球向下移动一段距离，使水准球内液面低于量气管液面，将水准球固定后，若量气管内液面仍不断下降，表示装置漏气。则应检查各连接处，予以纠正，直至装置不漏气为止。

2. 氢气的发生、收集和体积的量度

调整量气管与水准球的位置，使量气管内酸液面与水准球内酸液面在同一水平面上（操作小心！慎防镁条掉进酸中）。准确读出量气管内酸液面的位置（至小数点后两位数字），将读数记下。取下量气管，适度倾斜量气管（如图 2-12 所示），使镁条与酸作用，待镁条落入酸中后，将量气管放回原处。此时量气管内酸液面开始下降。为了不使量气管内气压增加而造成漏气，在量气管液面下降的同时应慢慢地向下移动水准球，使水准球内液面随量气管液面一起下降，直到量气管内液面停止下降时，再将水准球固定。待量气管冷却至室温约 $10min$ 后，移动水准球，使两管液面处于同一水平上，读出量气管内液面所在的位置。然后每隔 $2\sim3min$ 读数一次，直到读数不变为止，记下最后读数。

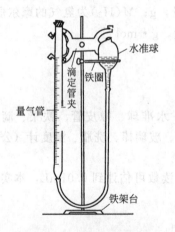

图 2-11　测定金属摩尔质量的装置　　图 2-12　镁条贴在量气管上部

取下塞子，并将装置恢复到图 2-11 的位置，用盛有去离子水的洗瓶淋洗量气管的上部及橡皮塞，以除去可能附着的酸液（淋洗量气管上部的水不能过多），取一已知质量的镁条重复做上述实验。

实验完毕，将酸液倒入实验室已准备好的回收瓶内，洗净仪器。随后记下当时的室温及大气压力，从附录中查出此室温时水的饱和蒸气压，计算镁的摩尔质量及实验测定的误差。

五、思考题

1. 本实验中置换出的氢气的体积是怎样量度的？为什么读数时必须使水准球内液面与量气管内液面保持在同一水平面上？

2. 量气管内气体的体积是否等于置换出氢气的体积？量气管内气体的压力是否等于氢气的压力？

3. 硫酸的浓度和用量是否应严格控制和准确量取？为什么？

4. 在镁与稀酸作用完毕后，为什么要等试管冷却到室温时方可读数？

第三章 综合实验

实验十一 质子转移平衡常数的测定

一、实验目的

1. 理解测定醋酸质子转移平衡常数的原理和方法；
2. 学会滴定分析基本操作；
3. 学会 pH 计的使用方法。

二、实验原理

醋酸（CH_3COOH）即 HAc 在水中是弱电解质，存在着下列质子转移平衡：

$$HAc(aq) + H_2O(l) \Longrightarrow H_3O^+(aq) + Ac^-(aq)$$

起始时浓度/mol·kg^{-1} b 0   0

平衡时浓度/mol·kg^{-1} $b-b\alpha$ $b\alpha$ $b\alpha$

其质子转移平衡常数为：

$$K_a^\ominus = \frac{[b(H_3O^+)/b^\ominus][b(Ac^-)/b^\ominus]}{b(H_2O)/b^\ominus} = \frac{b\alpha \cdot b\alpha}{b-b\alpha} = \frac{b\alpha^2}{1-\alpha} \tag{3-1}$$

弱酸的质子转移平衡常数 $K_a^\ominus$ 仅与温度有关，而与该弱酸溶液的浓度无关；其解离度 α 则随溶液的浓度的降低而增大。

可以有多种方法来测定弱酸的 α 和 $K_a^\ominus$，如：在一定温度下，用 pH 计测定一系列已知浓度的醋酸（HAc）溶液的 pH 值，按 $pH = -\lg b(H^+)$ 换算成 $b(H^+)$。

根据 $b(H^+) = b(HAc)\alpha$，则：

$$\alpha = \frac{b(H^+)}{b(HAc)} \tag{3-2}$$

即可求得醋酸的解离度 α 和 $\dfrac{b\alpha^2}{1-\alpha}$ 值。这一系列 $\dfrac{b\alpha^2}{1-\alpha}$ 值近似地为一常数，取其平均值，即为该温度时 HAc 的质子转移平衡常数 K_a。

本实验采用 HAc-NaAc 缓冲溶液的 pH 值确定 HAc 的质子转移平衡常数 $K_a^\ominus$。对于 HAc-NaAc 缓冲溶液，其 pH 值为：

$$pH = pK_a^\ominus + \lg \frac{b(NaAc)}{b(HAc)} \qquad (3-3)$$

当 $b(NaAc) = b(HAc)$ 时：

$$pH = pK_a^\ominus \qquad (3-4)$$

由所测得的 pH 值可求出 HAc 的质子转移平衡常数 $K_a^\ominus$。

三、仪器及药品

1. 实验仪器

酸度计（pH 计）、滴定台、碱式滴定管（50mL）、锥形瓶、移液管、洗耳球、洗瓶、烧杯（100mL、50mL）、碎滤纸。

2. 实验药品

醋酸（HAc，约 $0.10\ \mathrm{mol \cdot kg^{-1}}$）、氢氧化钠（NaOH，$0.1000\ \mathrm{mol \cdot kg^{-1}}$）、酚酞（1%）、去离子水。

四、实验内容

用移液管移取 25.00mL 醋酸溶液至锥形瓶，加入 2 滴酚酞指示剂，用标准的 NaOH 溶液滴定，至溶液从无色变成粉红色，且半分钟不褪色。记录所消耗的 NaOH 溶液的体积，计算醋酸溶液的浓度。再用移液管移取 25.00mL 醋酸溶液至锥形瓶，配成 HAc-NaAc 缓冲溶液，摇匀，测定溶液的 pH 值。

平行实验三次，取平均值。根据式（3-2）和式（3-3）计算 HAc-NaAc 缓冲溶液中 HAc 的 K_a。

五、数据记录及处理

HAc 质子转移平衡常数的测定见表 3-1。

表 3-1 HAc 质子转移平衡常数的测定

序号	1	2	3
移取 HAc 的体积/mL	25.00	25.00	25.00
滴定前 NaOH 的体积/mL			

续表

序号	1	2	3
滴定后 NaOH 的体积/mL			
消耗 NaOH 的体积/mL			
HAc 浓度/mol·kg^{-1}			
HAc 浓度的平均值/mol·kg^{-1}			
缓冲溶液的 pH			
$K_a^{\ominus}$			
$K_a^{\ominus}$ 的平均值			

六、思考题

1. 如果改变所测 HAc 溶液的浓度或温度，则它的解离度和质子转移平衡常数有无变化？

2. 本实验中测定 HAc 质子转移平衡常数的原理是什么？

附：梅特勒 EL20 型酸度计的使用方法

酸度计（也称 pH 计）是一种电化学测量仪器，除主要用于测量水溶液的酸度（即 pH 值）外，还可用于测量多种电极的电极电势。以梅特勒 EL20 型酸度计（图 3-1）为例说明酸度计的使用方法。

（1）仪器的校正

打开电源，预热半小时。按"设置"图标，调整温度至溶液测量温度，按"读数"键确定，当前预置缓冲溶液闪烁，使用▲或▼键来选择其他缓冲溶液组，按"读数"键确认。

图 3-1 梅特勒 EL20 型酸度计外观图

①一点校准 将清洗干净的电极插入缓冲溶液中，并按"校准"键开始校准，校准和测量图标将同时显示。在信号稳定后仪器表根据预选终点方式自动终点（显示屏出现 $\sqrt{A}$）或按"读数"键手动终点（显示屏出现 $\sqrt{}$）；按"读数"键后，仪表回到测量画面。

②两点校准 先重复①的操作步骤，执行一点校准。仪器自动终点或手动终点后，不要按"读数"键否则将退回测量状态；然后用去离子水清洗电极，将电极插入下一个缓冲溶液中，并按"校准"键开始下一点校正。

在信号稳定后仪表根据预选终点方式自动终点或按"读数"键手动终点，按

"读数"键后，仪表显示零点和斜率，同时保存校正数据，然后自动退回到测量画面。

（2）样品测量

将电极放在样品溶液中并按"读数"键开始测量，画面上小数点闪烁，待读数稳定后记录溶液 pH 值。

（3）注意事项

① 按键动作要轻。

② 电极在每次使用前后，请用去离子水或蒸馏水清洗。再用滤纸吸干电极，切勿用力擦干。

③ 电极保护液勿倒掉。

④ 测量时，电极的玻璃球应完全浸没在测量液中。

⑤实验完毕后，清洗干净电极，电极插入电极保护液中。

| 实验十二 | **原电池电动势的测定** |

一、实验目的

1. 了解原电池的装置及其作用原理；
2. 了解介质和温度对氧化还原反应的影响；
3. 理解浓度和酸度对电极电势的影响；
4. 学会用酸度计测定原电池电动势。

二、实验原理

1. 原电池的装置及其作用原理

原电池是将自发氧化还原反应的化学能转化为电能的装置（见图 3-2），它由两个电极（半电池）、外电路和盐桥组成。半电池是原电池的主体，每一个半电池都是由同一种元素不同氧化数的两种物质组成，即电极导体和电解质溶液。电极导体和电解质溶液就组成了电池（即半电池）。

连接两个半电池溶液的倒置 U 形管称为盐桥，管内充满了含电解质溶液（一般是 KCl）的琼胶，其作用一是连接外电路，形成闭合回路；二是消除液接电势（当组成或活度不同的两种电解质接触时，在溶液接界处由于正负离子扩散通过界面的离子迁移速度不同造成正负电荷分离而形成双电层，这样产生的电位差称为液体接界扩散电势能，简称液接电势），保持电中性。典型的原电池是丹尼尔电池。

2. 原电池电动势的测定

原电池的电动势等于正、负两极的电极电势之差：

$$E = E_{正} - E_{负} \tag{3-5}$$

原电池电动势不能用伏特计直接测量。因为用伏特计测量时，有电流通过测量电池，这样会给测量带来较大的误差，因此只有当被测电池的电路中几乎没有电流通过时，才能准确测量原电池的电动势。要做到这一点，通常是采用补偿法进行测量，也可以用电子管伏特计测量。本实验用数显酸度计的毫伏挡（相当于电子管伏特计）测量原电池的电动势，其使用方法为：接通电源，将选择开关接到毫伏挡，然后将待测原电池的正极、负极接在酸度计的电极插座上，将两个电极分别插入指定溶液内，仪器即显示相应的电极电势。

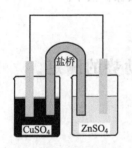

图 3-2　原电池装置图

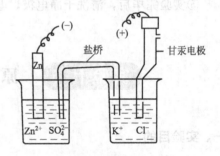

图 3-3　测定电极电势装置图

3. 测定电极电势的原理和方法

电极电势是由某电对以标准氢电极为基准而得出的相对平衡电势，若欲测量某一电对的电极电势，是将该电对组成的电极与标准氢电极构成一原电池，测量该原电池的电动势。

而标准氢电极的电极电势规定为零，因此根据测量得到的电动势和式（3-5），就可以求出该电对在相应条件下的电极电势。

在实际测量电极电势的工作中，由于标准氢电极控制的条件很严，使用不太方便，因此常用电势稳定的甘汞电极为参比电极，以代替标准氢电极（如图 3-3 所示）。

当 KCl 为饱和溶液，其电势值为：

$$E = [0.2415 + 0.00065(t - 25)]V \tag{3-6}$$

4. 介质对氧化还原反应的影响

介质的酸碱性对含氧酸盐的氧化性影响很大，例如，高锰酸钾在酸性介质中被还原成肉色的 Mn^{2+}：

$$MnO_4^-(aq)+8H^+(aq)+5e^- \rightleftharpoons Mn^{2+}(aq)+4H_2O \qquad E^\ominus = 1.491V$$

在中性或弱碱性的介质中被还原为褐色的 MnO_2 沉淀：

$$MnO_4^-(aq)+2H_2O(aq)+3e^- \rightleftharpoons MnO_2(s)+4OH^-(aq) \qquad E^\ominus = 0.588V$$

在强碱性介质中被还原为绿色的 MnO_4^{2-}。

$$MnO_4^-(aq)+e^- \rightleftharpoons MnO_4^{2-}(aq) \qquad E^\ominus = 0.564V$$

由此可以看出，高锰酸钾在不同的介质中还原产物有所不同，并且其氧化性随介质的酸性减小而减弱。

三、仪器和药品

1. 实验仪器

酸度计、试管、试管架、小烧杯、铜电极、锌电极、饱和甘汞电极、盐桥、水浴锅、药匙、玻璃棒、滴管、砂纸、铁片。

2. 实验药品

醋酸（HAc，$1.0mol \cdot kg^{-1}$）、硫酸（H_2SO_4，$1.0mol \cdot kg^{-1}$）、氢氧化钠（NaOH，$1.0mol \cdot kg^{-1}$）、氯化钾（KCl，饱和溶液）、氨水（$NH_3 \cdot H_2O$，$6.0mol \cdot kg^{-1}$）、溴化钾（KBr，$0.1mol \cdot kg^{-1}$）、亚硫酸钠（Na_2SO_3，固体）、高锰酸钾（$KMnO_4$，$0.01mol \cdot kg^{-1}$）、硫酸锌（$ZnSO_4$，$0.1mol \cdot kg^{-1}$）、硫酸铜（$CuSO_4$，$0.1mol \cdot kg^{-1}$）、硫酸亚铁（$FeSO_4$，固体）、碘化钾（KI，$0.1mol \cdot kg^{-1}$）、碘酸钾（KIO_3，$0.1mol \cdot kg^{-1}$）、草酸（$H_2C_2O_4$，$0.1mol \cdot kg^{-1}$）。

四、实验内容

1. 电动势和电极电势的测量

取两只小烧杯，一只烧杯中加入 4mL 饱和 KCl 溶液，并置入饱和甘汞电极，另一只烧杯中加入 4mL $0.1mol \cdot kg^{-1}$ $ZnSO_4$ 溶液，并置入锌电极，分别将饱和甘汞电极和锌电极与酸度计的正极、负极相连，用盐桥连通两个烧杯中的溶液组成原电池，写出其电池符号，测量其电动势。并根据测得的电动势，计算锌电极在 $0.1mol \cdot kg^{-1}$ $ZnSO_4$ 溶液中的电极电势，并利用能斯特方程式推导出锌电极的标准电极电势。

2. 浓度和酸度对电极电势的影响

（1）浓度对电极电势的影响

取两只小烧杯中，分别加入 3mL $0.1mol \cdot kg^{-1}$ $ZnSO_4$ 和 3mL $0.1mol \cdot kg^{-1}$ $CuSO_4$ 溶液。在 $CuSO_4$ 溶液中置入铜电极，在 $ZnSO_4$ 溶液中置入锌电极，将铜电极和锌电极分别与酸度计的正负极相连，用盐桥连通两个烧杯中的溶液，并测量其电动势 E_0。

取出盐桥，在 $CuSO_4$ 溶液中滴加氨水溶液并不断搅拌，至生成的沉淀完全溶解而形成深蓝色溶液，放入盐桥，测量电池的电动势 E_1。比较 E_0 与 E_1，并用能斯特方程解释实验结果〔注：Cu^{2+} 可与氨形成 $[Cu(NH_3)_4]^{2+}$〕。

倒掉反应后的 $CuSO_4$ 溶液，另外装取 $3mL$ $0.1mol \cdot kg^{-1}$ $CuSO_4$ 溶液，在 $ZnSO_4$ 溶液中滴加氨水溶液并不断搅拌，至生成的沉淀完全溶解，放入盐桥，测量电池的电动势 E_2。比较 E_0 与 E_2，并用能斯特方程解释实验结果〔注：Zn^{2+} 可与氨形成 $[Zn(NH_3)_4]^{2+}$〕。

（2）酸度对电极电势的影响

取两只 $5mL$ 的烧杯，在一只烧杯中加入一小粒的 $FeSO_4$ 固体，然后注入 $3mL$ 去离子水，搅拌溶解后，插入 Fe 片；另一只烧杯中注入 $3mL$ $0.01mol \cdot kg^{-1}$ $KMnO_4$ 溶液，插入炭棒。将 Fe 片和炭棒通过导线分别与酸度计的负极、正极相连，用盐桥连通两个烧杯中的溶液，写出电池符号并测量电动势。

往盛有 $KMnO_4$ 的溶液中，加入 1 滴 $1.0mol \cdot kg^{-1}$ H_2SO_4 溶液，观察电动势有何变化。再往盛有 $KMnO_4$ 的溶液中，加入 2～3 滴 $1.0mol \cdot kg^{-1}$ $NaOH$ 溶液，观察电动势的变化情况。

3. 介质对氧化还原反应的影响

① 往 3 支试管中各加入 5 滴 $0.01mol \cdot kg^{-1}$ $KMnO_4$ 溶液，然后往第 1 支试管中加入 2 滴 $1.0mol \cdot kg^{-1}$ H_2SO_4 使溶液酸化，第 2 支试管中加入 5 滴去离子水，第 3 支试管中加入 2 滴 $1.0mol \cdot kg^{-1}$ $NaOH$ 使溶液碱化，然后在 3 支试管中分别加入约 $30g$ Na_2SO_3 固体粉末，摇动溶解，观察各试管中的现象，写出有关的反应离子方程式。

② 在试管中加入 15 滴 $0.1mol \cdot kg^{-1}$ KI 溶液和 2 滴 $0.1mol \cdot kg^{-1}$ KIO_3 溶液，摇匀后，观察有无变化。再加入 1 滴 $1.0mol \cdot kg^{-1}$ H_2SO_4 溶液，观察现象变化情况并解释。

4. 酸度和温度对氧化还原反应速率的影响

（1）酸度影响

在 2 支试管中各加入 3 滴 $0.1mol \cdot kg^{-1}$ KBr 溶液，往一支试管中加入约 3 滴 $1.0mol \cdot kg^{-1}$ H_2SO_4 溶液，往另一支试管中加入 3 滴 $1.0mol \cdot kg^{-1}$ HAc 溶液，然后再加入 1～3 滴 $0.01mol \cdot kg^{-1}$ $KMnO_4$ 溶液，观察 2 支试管紫色消去的快慢，解释原因并写出有关反应的离子方程式。

（2）温度影响

在 2 支试管中同时加入 10 滴 $0.1mol \cdot kg^{-1}$ $H_2C_2O_4$ 溶液、1 滴 $1.0mol \cdot kg^{-1}$ H_2SO_4 溶液和 1 滴 $0.1mol \cdot kg^{-1}$ $KMnO_4$ 溶液，摇匀，将其中一支试管放入 $80℃$ 水浴中加热，另一支不加热，观察 2 支试管褪色的快慢。解释原因并写出有

关反应的离子方程式。

五、思考题

1. 如何用酸度计测量原电池的电动势？

2. 测量电池电动势时，如果正极、负极接反了，会出现什么现象？为什么？应如何处理。

3. 通过本次实验，你能归纳出哪些因素影响电极电势？怎样影响？

实验十三　金属腐蚀与防护

一、实验目的

1. 理解金属腐蚀的基本原理；
2. 学会金属腐蚀防护的基本方法。

二、实验原理

1. 金属腐蚀与腐蚀电池

当金属和周围介质接触时，由于发生化学作用或电化学作用而引起的破坏叫作金属的腐蚀。常见的主要是电化学腐蚀。电化学腐蚀是由于形成腐蚀电池发生的电化学作用所引起的腐蚀。

腐蚀电池的种类主要有：异种金属接触形成的腐蚀电池、浓差形成的腐蚀电池和微观腐蚀电池。例如铁片上滴有 $NaCl$ 溶液，空气中氧溶于其液滴表面边缘处较多，液滴中部溶解氧较少（引起氧分布不均匀）。根据能斯特方程式：

$$E(O_2/OH^-)=E^\ominus(O_2/OH^-)+\frac{0.059}{4}\lg\frac{p(O_2)/p^\ominus}{[b(OH^-)b^\ominus]^4} \tag{3-7}$$

若 $p(O_2)$ 越大，$E(O_2/OH^-)$ 越大，即 $p(O_2)$ 大处为腐蚀电池的阴极、$p(O_2)$ 小处为阳极。这样，由于氧气浓度不同而形成了浓差电池。

2. 电化学腐蚀的分类

腐蚀电池的两个电极称为阴极和阳极，根据阴极发生的反应不同，电化学腐蚀分为析氢腐蚀和吸氧腐蚀。

在酸性环境中，腐蚀过程中有氢析出为析氢腐蚀。

阴极反应：$2H^++2e^-\Longrightarrow 4H_2$

在弱酸性或中性介质中，发生 O_2 得电子的还原反应称为吸氧腐蚀。

阴极反应：$O_2 + 2H_2O + 4e^- \Longrightarrow 4OH^-$

3. 金属腐蚀的防护

金属腐蚀的防护方法很多，可采用牺牲阳极的办法和外加电源阴极保护法；也可以采用油漆、电镀或表面纯化等使金属与介质隔绝的方法以防止腐蚀；还可以采用加入缓蚀剂等方法防止腐蚀。

有些活动性较强的金属（例如铝），由于氧化后在表面形成一层紧密的保护膜，使金属不继续遭受腐蚀，这种现象叫作金属的钝化。但是如果保护膜被破坏，金属便继续遭到腐蚀。如氯离子对铝保护膜的破坏便是一例。

三、仪器和药品

1. 实验仪器

稳压直流电源、试管、试管架、烧杯（50mL）、铜棒、锌片、铁片、铜片导线、锌片导线、导线、药匙、滴管、滤纸、砂纸。

2. 实验药品

硫酸（H_2SO_4，$1mol \cdot kg^{-1}$）、氯化钠（NaCl，3%）、赤血盐｛$K_3[Fe(CN)_6]$，$0.1mol \cdot kg^{-1}$｝、酚酞（1%）、硫酸铜（$CuSO_4$，$0.1mol \cdot kg^{-1}$）、纯锌粒（Zn）。

四、实验内容

1. 金属的电化学腐蚀

（1）析氢腐蚀

① Zn-Cu 接触腐蚀　取一粒纯锌，小心地沿试管壁滑入试管内，再倒入 3～4mL $1mol \cdot kg^{-1}$ 硫酸，观察有何现象。然后取一根打磨光亮的粗铜丝并将其插入溶液中，先不接触锌粒，观察铜丝有无现象，然后将铜丝与锌粒接触，观察有何现象。说明原因并写出两极反应式。

② 微电池腐蚀　取一粒纯锌，小心地沿试管壁滑入试管内，再倒入 3～4mL $1mol \cdot kg^{-1}$ 硫酸，然后滴入 1 滴 $0.1mol \cdot kg^{-1}$ $CuSO_4$ 溶液，振荡。观察实验现象，写出微电池腐蚀的两极反应式。

（2）吸氧腐蚀

① Zn-Cu 在海水（3%NaCl 溶液）中的腐蚀　在试管中倒入 3%NaCl 溶液 2mL，加 1 滴酚酞指示剂，摇匀，沿试管壁小心地滑入一粒纯锌，插入一根铜丝，使之与锌粒保持接触（一定要保持紧密接触），静置片刻，观察实验现象，写出两极的反应式。

② 氧的浓差腐蚀　在一支试管中倒入 1/3 试管 3%NaCl 溶液，加入酚酞 1～2 滴，摇匀，静置片刻，然后把一个擦净的长锌片插入溶液中，使一部分露出液面，过约 10min 后，仔细观察实验现象。说明原因，写出两极反应式。

2. 金属腐蚀的防护

（1）牺牲阳极保护

在一个小烧杯中加入 3％NaCl 溶液半杯，并加入 3 滴酚酞指示剂和 4 滴赤血盐溶液（检验 Fe^{2+}），搅匀、稍停片刻，然后在小烧杯中放入用导线连接并用砂纸擦净的 Fe 片和 Cu 片［见图 3-4(a)］，静置一段时间，观察实验现象。写出两极反应式。

在另一小烧杯中加入 3％NaCl 溶液半杯，并加入 3 滴酚酞指示剂和 4 滴赤血盐溶液，放入用导线连接的 Fe 片和 Zn 片［见图 3-4(b)］。静置一段时间，观察实验现象。写出两极反应式。比较说明哪种情况下 Fe 片发生了腐蚀。

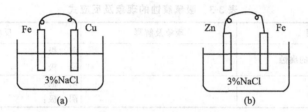

图 3-4 牺牲阳极保护法

（2）外加电源阴极保护

在一个小烧杯中，加入 3％NaCl 溶液约半杯，并加入 4 滴赤血盐溶液，插入 Fe 片和 Cu 片。把 Fe 片接在外加电源的正极，Cu 片接在电源的负极［见图 3-5(a)］（注意：一定不要发生短路），静置一段时间，观察两电极颜色的变化，并写出两极反应式。

断电，把 Fe 片、Cu 片取下，用自来水冲洗干净，再放入装有半杯 3％NaCl 溶液，并加入 4 滴赤血盐溶液的另一小烧杯中，把 Fe 片接在外加电源的负极，Cu 片接在电源的正极［见图 3-5(b)］，观察与铁接在正极时有何不同，并分析原因。

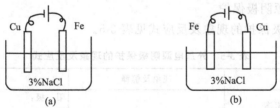

图 3-5 外加电源阴极保护法

五、实验数据记录

1. 金属的电化学腐蚀

（1）析氢腐蚀

析氢腐蚀的现象及反应式见表 3-2。

表 3-2　析氢腐蚀的现象及反应式

项目	现象及解释	反应式	
① Zn-Cu 接触腐蚀		阳　极：	
		阴　极：	
② 微电池腐蚀		阳　极：	
		阴　极：	

（2）吸氧腐蚀

吸氧腐蚀的现象及反应式见表 3-3。

表 3-3　吸氧腐蚀的现象及反应式

项目	现象及解释	反应式	
①Zn-Cu 在海水中的腐蚀		阳　极：	
		阴　极：	
②氧的浓差腐蚀		阳　极：	
		阴　极：	

2. 金属腐蚀的防护

（1）牺牲阳极保护

牺牲阳极保护的现象及反应式见表 3-4。

表 3-4　牺牲阳极保护的现象及反应式

项目	现象及解释	反应式	
①铁与铜相连		阳　极：	
		阴　极：	
②铁与锌相连		阳　极：	
		阴　极：	

（2）外加电源阴极保护

外加电源阴极保护的现象及反应式见表 3-5。

表 3-5　外加电源阴极保护的现象及反应式

项目	现象及解释	反应式	
①铁与外电源的正极相连		阳　极：	
		阴　极：	
②铁与外电源的负极相连		阳　极：	
		阴　极：	

六、思考题

1. 什么叫浓差腐蚀？在什么情况下会造成金属的浓差腐蚀？

2. 有哪些方法可防止金属腐蚀？牺牲阳极和外加电源阴极保护的原理是什么？

实验十四　印刷电路板的制作

一、实验目的

1. 了解化学镀的方法；
2. 了解电镀的方法。

二、实验原理

印刷电路是在塑料板上粘一层铜箔，用类似印刷的方法，将需要保留的图纹覆盖一层抗腐蚀性物质（如：油墨、涂料、高分子聚合物等）制成印刷电路图纹。未覆盖保护层的铜箔，用 $FeCl_3$、酸性腐蚀液腐蚀掉，其反应方程式如下：

$$Cu + 2FeCl_3 \Longrightarrow CuCl_2 + 2FeCl_2$$

三、仪器和药品

1. 实验仪器

滑线电阻、毫安表（$0 \sim 500mA$）、电导电极、烧杯（250mL）、玻璃棒、竹夹、带有图纹的印刷电路板（自己设计图纹，注意两线条间不应相交）。

2. 实验药品

盐酸、38% $FeCl_3$、10% H_2SO_4、8% H_2O_2、4%硫化钠、$AgNO_3$、Na_2SO_3、乙二胺四乙酸二钠、六亚甲基四铵、$K[Ag(CN)_2] \cdot 3H_2O$、$Na_2CO_3 \cdot 10H_2O$、$AgCl$、$K_2Cr_2O_7$、KNO_3、KOH。

四、实验步骤

1. 腐蚀

① 取一片已印有图文的印刷电路板浸入 38% $FeCl_3$ 腐蚀液或 10% H_2SO_4 + 8% H_2O_2 的水溶液中。不断搅拌，促使铜箔加速溶解。若溶解速度太慢可适当加热（温度不可超过 60℃）。待裸露的铜箔全部溶解后，取出印刷电路板用流水冲洗干净。用电极电位解释 $FeCl_3$ 溶液能腐蚀金属铜的原因。

② 用棉花蘸汽油将印刷电路板上油墨擦洗干净，再用水冲洗。

2. 化学镀银或电镀银（本实验任选一种）

（1）化学镀银

① 表面清洗　用去污粉擦洗印刷电路板图纹，使铜表面光亮，在稀 HCl 溶液中浸洗一下，再用水冲洗。

② 镀银　将印刷电路板放入化学镀银液中浸泡 1~2min。取出用毛刷轻擦一下，观察镀银层是否完整，用水洗净。

化学镀银液制备方法如下：

取 50g $AgNO_3$ 溶于 500mL 去离子水，另取 20g Na_2SO_3（无水）溶于 500mL 去离子水，二者混合后生成白色沉淀，用去离子水清洗沉淀四次；取 50g 乙二胺四乙酸二钠盐溶于 250mL 去离子水，再取 50g 六亚甲基四铵溶于 250mL 去离子水，将这两种溶液混合后倒入上述白色沉淀中，搅拌均匀，静止后即为化学镀银液。

（2）电镀层

① 表面清洗　用去污粉擦洗印刷电路板图纹，使铜表面光亮，在稀 HCl 溶液中浸洗一下，再用水冲洗。

② 镀银　用电导电极作阳极、$K[Ag(CN)_2]$ 溶液为电镀液组成电镀槽，再由滑线电阻、电流表、电镀槽组成电镀电路（学生自己设计电路图）。按电流密度 $1mA \cdot cm^{-2}$ 计算电路电流，通电 3min 后取出清洗干净。

$K[Ag(CN)_2]$ 电镀液制备方法如下：

$K[Ag(CN)_2] \cdot 3H_2O$ 固体 20g 和 $Na_2CO_3 \cdot 10H_2O$ 6g 分别溶于适量的热水中，全部溶解后将它们混合在一起，加入 AgCl 固体 19g，煮沸 1.5h，过滤后加水制得 1L 溶液。

3. 钝化处理

银镀层的导电性较好，但容易被硫化物腐蚀而使表面变黑。经钝化处理后，在镀层表面形成一薄而透明的保护膜，提高了镀层的抗硫化能力，钝化方法一般有电解钝化与化学钝化两种。

电解钝化液由实验室配制。在 1L 去离子水中加入 56g $K_2Cr_2O_7$ 和 12g KNO_3，用 KOH 溶液调节 pH 值为 7~8。

以印刷电路板作阴极、铂作阳极组成电解槽，电流密度为 $5mA \cdot cm^{-2}$，电解时间为 3~5min。

4. 镀层耐腐蚀实验——抗硫化能力的比较

用 4‰Na_2S 溶液分别滴入经过钝化处理和未经钝化处理的银镀层，观察镀层表面的变化。

五、思考题

1. 在金属活泼顺序表中铜位于铁的后面，为什么 $FeCl_3$ 溶液还能溶解金属铜？

2. 写出用 $K[Ag(CN)_2]$ 电镀液电镀时，两极的反应方程式。

3. 用 Na_2S 溶液检查银镀层的耐腐蚀性的主要原因是什么？写出反应方程式。

实验十五　常用塑料的鉴别

一、实验目的

1. 学会几种常用的简便识别塑料的方法；

2. 通过几种检查方法，对常见塑料能初步加以区别。

二、实验原理

塑料的成分不同，则性质各异，所以其用途、外表观感亦不同。在火焰反应中，其焰色、燃烧状态、气味等有很大区别；在不同的溶剂中溶解的情况也不相同，据此将塑料可初步地加以区别。

三、仪器与药品

1. 实验仪器

酒精灯、镊子、点滴板、玻璃棒、吸管、火柴。

2. 实验药品

常用塑料（聚氯乙烯、聚乙烯、聚苯乙烯、ABS、有机玻璃）、二氯甲烷、甲苯、丙酮、二甲基甲酰胺。

四、实验内容

1. 按用途的初步判断

按一般规律，透明性好的硬质塑料制品多半是有机玻璃、聚苯乙烯和聚碳酸酯的，例如三角尺、眼镜框等。灰色的塑料圆管与板材通常是硬聚氯乙烯的。而塑料雨衣、布、床单、电线套管、吹塑玩具、大部分塑料凉鞋底、拖鞋等多为软聚氯乙烯。塑料桶、塑料水管、水杯、食品袋、药用包装瓶及瓶塞则是聚乙烯和聚丙烯。牙刷柄、茶盘、糖盒、衣夹、自行车和汽车灯罩、硬质儿童玩具等大多数是聚苯乙烯的。包装仪器、仪表的硬质泡沫塑料，包装用品以及充气鼓泡塑料包装用品是聚丙烯的。机械设备上的齿轮大部分是尼龙的，也有 ABS 的。汽车方向盘、电器开关、以前的仪表外壳多半是酚醛热固性塑料。输油管、氧气瓶是环氧或不饱和聚酯玻璃钢的增强塑料。半导体、电视机、计算机、洗衣机、仪表等壳体现在都是由耐冲击性能好的 ABS 塑料制造的。泡沫塑料（软）有聚苯乙烯的和聚氨酯的。

2. 按塑料的外表感官区别

不同种类塑料间的外表感官区别见表 3-6。

表 3-6　不同种类塑料间的外表感官区别

塑料名称	看	摸	听
聚乙烯	乳白色半透明	有蜡状滑腻感、质轻、柔软能弯曲	声音绵软
聚丙烯	乳白色半透明	润滑无油腻感	
聚苯乙烯	光亮透明		敲击清脆似金属声、易脆裂
有机玻璃	光亮透明	表面光滑	声音发闷
硬聚氯乙烯	平滑坚硬	表面光滑	声音闷而不脆
软聚氯乙烯	柔软而有弹性	表面光滑	声音绵软
酚醛塑料	深色不透明	表面坚硬	敲击声似木板

3. 燃烧火焰法

该法是用镊子把样品夹住，然后慢慢伸向火焰（酒精灯或煤气灯）边缘，观察可燃性、自熄性、火焰色泽、烟尘浓淡，闻其气味，从而判断是何种塑料。

① 聚氯乙烯及其共聚物　能够燃烧但离开火焰即自熄，火焰为黄色有黑烟，有氯化氢的辣味。因为共聚物中有各种添加剂，现象可能稍有变化。

② 聚乙烯和聚丙烯　能在火焰中燃烧，样品离开火焰仍可自由燃烧，有燃着的蜡烛气味，火焰上端为黄色，底部为蓝色，样品融化成点滴状燃烧。聚丙烯燃烧时黑烟稍多，无蜡烛气味。

③ 聚苯乙烯　样品离开火焰后仍能自由燃烧，样品加热后变软，火焰呈亮黄色并带有浓黑烟，有甜的花香味。

④ 有机玻璃　样品离开火焰后，仍能自由燃烧，但火焰下部为蓝色，上部为黄色，燃烧时在样品表面有气泡产生，带有特殊气味。

⑤ ABS　在火焰上燃烧呈黄色火焰，有较浓的黑烟，无燃烧液滴，有烧焦的羽毛味。

⑥ 酚醛热固性塑料　离开火焰即自熄，有苯酚和烧焦的木材或纸张气味。

4. 塑料在有机溶剂中的溶解情况

各类塑料在有机溶剂中的溶解情况见表 3-7。

表 3-7　各类塑料在有机溶剂中的溶解情况

塑料	可溶	不溶
聚氯乙烯	二甲基甲酰胺	甲苯,二氯甲烷,丙酮
ABS	二氯甲烷	甲苯,丙酮

续表

塑料	可溶	不溶
聚苯乙烯	甲苯,二氯甲烷	
有机玻璃	甲苯,二氯甲烷	
聚乙烯	溶于80℃甲苯	
聚丙烯	溶于90℃甲苯	
热固性酚醛树脂	酰胺200℃,热碱	

五、思考题

1. 一般塑料可以从哪几个方面进行区分?
2. 聚乙烯和聚丙烯都是乳白色半透明,如何进一步区分?
3. 聚苯乙烯和有机玻璃都光亮透明,如何进一步区分?
4. 常用的聚氯乙烯和聚乙烯如何加以区分?

第四章　化学与舰船实验

舰船锅炉水氯含量的测定

一、实验目的

1. 了解氯离子选择性电极的使用方法；
2. 学习标准加入法测定水中氯含量的原理和操作方法；
3. 学会使用酸度计测量电动势。

二、实验原理

本实验采用将离子选择性电极、双液接甘汞电极与酸度计相连，插入试液中组成工作电池，其中氯离子选择性电极为指示电极，双液接甘汞电极为参比电极。当氯离子浓度在 $1\sim10^{-4}\,\mathrm{mol\cdot kg^{-1}}$ 范围内，在一定的条件下，电池电动势与氯离子活度的对数呈线性关系，如式(4-1) 所示：

$$E = K - \frac{2.303RT}{nF}\lg c_{\mathrm{Cl^-}} \tag{4-1}$$

这样通过测定的电动势值可以求得水中氯含量。

氯离子选择性电极由导线、电极管和敏感膜三部分组成，敏感膜由 AgCl 和 Ag_2S 的粉末混合物压制而成，如图 4-1 所示。双液接甘汞电极如图 4-2 所示。

本实验采用标准加入法进行测定：先测量电极在未知试液中的电动势，然后加入小体积待测组分的标准溶液，混合均匀后再测混合液中的电动势，根据两次测量的差值，代入式(4-2) 计算待测组分的浓度：

$$c_{\mathrm{r,x}} = \Delta c_{\mathrm{r}}(10^{\Delta E/S} - 1)^{-1} \tag{4-2}$$

三、仪器和药品

1. 实验仪器

PHS-3 型酸度剂、氯离子选择性电极、双液接饱和甘汞电极。

图 4-1　氯离子选择性电极　　　　　图 4-2　双液接甘汞电极

2. 实验药品

0.0200mol · kg^{-1} KCl 标准溶液、0.10mol · kg^{-1} KNO$_3$ 标准溶液、1mol · kg^{-1} NH$_4$NO$_3$-0.06mol · kg^{-1} HNO$_3$ 混合溶液、舰船锅炉水样。

四、实验内容

① 将氯离子选择性电极和双盐桥甘汞参比电极与酸度计接好，通电预热 15min，使仪器稳定。

② 将酸度计调节为溶液温度值。

③ 取 2 个 50mL 容量瓶，分别加入 25.00mL 水样和 10.00mL 1mol · kg^{-1} NH$_4$NO$_3$-0.06mol · kg^{-1} HNO$_3$ 混合溶液，用蒸馏水稀释至 50.00mL，定容，摇匀。

④ 另取 2 个 50mL 容量瓶，各加入 25.00mL 水样和 10.00mL NH$_4$NO$_3$-HNO$_3$ 混合溶液，以及 1.00mL 0.0200mol · kg^{-1} KCl 标准溶液，用蒸馏水稀释至 50.00mL，定容，摇匀。

⑤ 将溶液全部转入到烧杯中，分别测量其电动势。

⑥ 计算水样的氯含量值。

五、思考题

1. 测量时为何要选择使用双盐桥的甘汞电极作参比电极？

2. 溶液中加入 NH$_4$NO$_3$- HNO$_3$ 混合溶液的作用是什么？

实验十七　　舰船锅炉水磷酸盐值的测定

一、实验目的

1. 掌握吸光光度法的测定原理和方法；

2. 理解舰船用水磷酸盐值的测定原理;

3. 熟悉舰船用水磷酸盐值的测定方法。

二、实验原理

1. 吸光光度法的基本原理

吸光光度法是基于被测物质的分子对光具有选择性吸收的特性而建立起来的分析方法。根据 Lambert-Beer 定律,当一束光强为 I_0 的光垂直照射到厚度为 b 的液层、浓度为 c 的溶液时,由于溶液中分子对光的吸收,通过溶液后光的强度减弱为 I_1,则吸光度 A 为:

$$A = \tan \frac{I_0}{I_1} = Kbc \tag{4-3}$$

式中,K 为比例常数。

2. 钒黄比色法的测定原理

PO_4^{3-} 在酸度为 $0.56 \sim 0.88 mol \cdot L^{-1}$ 下,与 $(NH_4)_2MoO_4$ 和 NH_4VO_3 作用可以生成黄色的磷钼钒杂多酸 $(P_2O_5 \cdot V_2O_5 \cdot 22MoO_3)$:

$$PO_4^{3-} + (NH_4)_2MoO_4 - NH_4VO_3 - H_2SO_4 (酸度为 0.56 \sim 0.88 mol \cdot L^{-1})$$
$$\longrightarrow P_2O_5 \cdot V_2O_5 \cdot 22MoO_3 (黄色)$$

当磷酸盐的浓度小于 $50mg \cdot L^{-1}$ 时,磷酸盐的浓度与磷钼钒杂多酸的颜色浓度成正比。通过分光光度计测定其吸光度,利用工作曲线查找出水样中的磷酸根的含量。

磷钼钒杂多酸的最大吸收波长为 420nm。

三、仪器和药品

1. 实验仪器

可见分光光度计(V-5 型,1 台);比色管(1 套)。

2. 实验药品

KH_2PO_4 标准溶液(以 PO_4^{3-} 计)($100mg \cdot L^{-1}$)、钒黄溶液 $[(NH_4)_2MoO_4-NH_4VO_3-H_2SO_4]$。

四、实验内容

1. 标准色阶绘制

① 取 11 支具有刻度和磨塞的试管,按照表 4-1 分别加入磷酸根标准溶液,然后用去离子水将其稀释至 10mL。

表 4-1 标准色阶的配制

标准 PO_4^{3-} 溶液的体积/mL	0	0.5	1.0	1.5	2.0	2.5	3.0	3.5	4.0	4.5	5.0
PO_4^{3-} 的含量(以 PO_4^{3-} 计)/mg·L^{-1}	0	5	10	15	20	25	30	35	40	45	50

② 在上述刻度试管中，用吸量管各加入 1mL 钒黄溶液。摇匀，2min 后转入 1cm 的比色皿中，以不含磷酸根但含有钒黄溶液作为标准溶液（其吸光度为 0），在 420nm 下，用分光光度计分别测出各种浓度下溶液的吸光度。

2. 测定水样的吸光度

取 2 支具有刻度和磨塞的试管，1 支取 10mL 去离子水，另 1 支取待测水样，分别加 1mL 钒黄溶液，盖盖，摇匀，2min 后转入 1cm 的比色皿中，在 420nm 处测定其吸光度。

3. 工作曲线的绘制

以测定的不同浓度 PO_4^{3-} 吸光度 A 为纵坐标，以对应的 PO_4^{3-} 的浓度为横坐标，用 Orgin 软件得到工作曲线，并进行拟合，得到拟合方程。

4. 计算水样中磷酸盐的浓度

将水样吸光度值代入拟合方程，得到水样中的磷酸盐值。

五、思考题

1. 当水样中 Fe^{2+} 浓度较大时，会对测量结果有什么影响？如何去除？

2. 比色皿使用过程中应该注意哪些问题？

附：V-5 型可见分光光度计的使用方法

V-5 型可见分光光度计的波长范围是 320～1100nm，可在可见和近红外样品区域进行定性和定量分析，是分析化学实验室常用的分析仪器。

1. 仪器结构

V-5 型可见分光光度计的外观结构和操作面板如图 4-3 所示。

2. 使用方法

① 自检 打开电源，仪器进入自检状态，系统会自动对滤色片、灯切换、检测器、氘灯、钨灯、波长校正、系统参数和暗电流等各项内容进行检测。预热 20min。

② 预热 仪器自检结束后，进入预热状态，系统默认预热时间为 15min。

③ 测量模式选择 预热结束后，选择进入光度测量。设定测量模式为"吸光度"测量。

④ 波长设定 按 GOTOλ 键进入波长设定界面，根据提示，输入波长值，

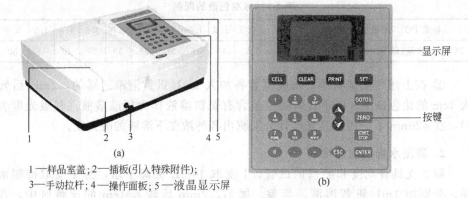

1—样品室盖；2—插板(引入特殊附件)；
3—手动拉杆；4—操作面板；5—液晶显示屏
图 4-3　V-5 型可见分光光度计的外观结构

按 ENTER 键确认，系统自动返回上一级界面。

⑤ 样品测试　在光度测量主界面，先把空白样品或参比溶液放入光路中，按 ZERO 键，在当前测试波长下对空白样品或参比溶液进行调 $A=0.000$，然后将待测样品放入光路中，可以直接读取屏幕显示数据。

3. 注意事项

① 开机前检查样品室，确保仪器光路畅通，以免造成仪器自检出错。

② 溶液装入比色皿时应小心，以装到比色皿的 2/3 高度为宜；尽量避免气泡产生，若溶液残留在比色皿外面，应及时擦拭干净，对于易挥发的样品，建议使用比色皿盖。

③ 取放比色皿时，与手指接触的应该是比色皿的毛面，避免接触其光面，指纹也会产生吸收，从而影响测试结果的准确度，比色皿应轻拿轻放，以免产生应力后造成破裂，比色皿用完后应该及时清洗。

④ 测试过程中，取放样品要及时关闭样品室盖；样品室盖应轻开、轻关；测试完毕后，应该及时将样品从样品室中取出，并检查确保样品室干燥，无液体残留。

⑤ 仪器上不可放置重物，以免造成光路移位从而影响仪器的准确度和稳定性。

实验十八　舰艇用润滑油运动黏度的测定

一、实验目的

1. 理解舰艇用润滑油运动黏度的概念；

2. 掌握石油产品运动黏度的测定方法；

3. 掌握毛细管黏度计的使用方法。

二、实验原理

液体的运动黏度是指液体的动力黏度（η）与筒温度下该流体密度（ρ）之比，即：

$$\nu = \frac{\eta}{\rho} \tag{4-4}$$

运动黏度的单位为 m^2/s，实际应用中常用 mm^2/s（以前称为厘斯）表示。

运动黏度可以用毛细管黏度计来测定。一定体积的液体在自身重力作用下通过一定直径和一定长度的毛细管所需的时间（t）与该液体的运动黏度（ν）成正比：

$$\nu = ct \tag{4-5}$$

式中，c 为比例常数，它与液体的体积、毛细管的直径和长度有关。

毛细管黏度计就是根据上述原理制成的。每支黏度计都有自己的比例常数，叫作黏度计常数。黏度计常数可以通过测定已知其运动黏度的标准液体流过该黏度计所需的时间得出。

测定石油产品的运动黏度时，只需要测定待测油品在该实验条件下流经黏度计毛细管的时间，就可以根据式(4-4)与式(4-5)计算出来。

三、实验与药品

1. 实验仪器

① 毛细管黏度计（如图 4-4 所示）。毛细管内径分别是 0.4mm、0.6mm、0.8mm、1.0mm、1.2mm、1.5mm、2.0mm、2.5mm、3.0mm、3.5mm、4.0mm、5.0mm 和 6.0mm。

测定试样的运动黏度时，应根据实验的温度和油品的黏度选择合适的黏度计，选用的原则是使油品流经毛细管的时间不少于 200s。内径为 0.4mm 的黏度计流动时间不少于 350s。

② 石油产品运动黏度测定器（DSY-104）。

③ 吸耳球、橡胶管、擦拭纸等。

2. 实验药品

主要试剂：润滑油、洗涤剂。

四、实验步骤

① 将准备好的黏度计装入油品试样。装油品前，用手按住 B 端并倒转黏度

计，将 A 端浸入油品试样中。用吸耳球在支管 6 处吸气，使试样自 A 端进入黏度计，到标线 b 为止（吸油应缓慢而均匀，不要使液体产生气泡）。提起黏度计，迅速倒转使其恢复到正常状态，同时用滤纸将管身 A 的管端外壁所沾着的油擦去（注意：黏度计极易在底部弯曲处折断，所以在拿黏度计时，只许拿住 B 端，绝不允许同时拿住 A、B 端）。

② 将装有试样的黏度计浸入恒温浴中并用夹子固定在支架上。固定时必须把黏度计的扩张部分 3 至少浸入一半，同时，黏度计应与水平垂直。

③ 黏度计在恒温浴内恒温一定时间（若实验温度为 20℃时恒温 10min，40℃或 50℃时恒温 15min，80℃或 100℃时恒温 20min）后，将试样放入或吸入扩张部分 2，使液面稍高于标线 a，然后让试样自由向下流动，仔细观察。当液面正好达到标线 a 时，启动秒表，等液面正好达到标线 b 时，停止秒表（注意：鼓气或吸气时，要慢，小心勿使试样从仪器顶部流出或产生气泡）。

④ 记录所需时间，测定三次，取其算术平均值。在温度为 100～115℃测定黏度时，至少两次测定结果的偏差不得超过 0.5%。

⑤ 计算试样在实验温度下的运动黏度。

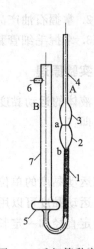

图 4-4 毛细管黏度计
1—毛细管；
2，3，5—扩张部分；
4，7—管身；
6—支管；a，b—标线

五、实验数据记录

1. 原始数据记录表
舰艇用润滑油运动黏度的测定见表 4-2。

表 4-2 舰艇用润滑油运动黏度的测定

试样名称		舰艇用润滑油	
实验温度/℃			
毛细管黏度计	规格		
	编号		
	黏度计常数		
流动时间/s	第一次		
	第二次		
	第三次		

2. 数据计算及结果处理
写出平均流动时间及运动黏度的详细计算过程，以及计算结果的处理。

六、实验注意事项

① 实验前和实验后，应清洗黏度计，用汽油清洗然后吹干。

② 将黏度计放入黏度测定器时，黏度计下端应先放在下面的铁片后面，手拿 A 端轻轻向后用力，待白色的塑料卡口分开后，卡住即可。

③ 拿出黏度计时，先将黏度计轻轻上提，待其下端出铁片后，再向外轻轻用力，黏度计出白色塑料卡口即可。

④ 用黏度测定器上左右的秒表控制器计时。

七、思考题

1. 选择毛细管黏度计的原则是什么？为什么？
2. 正确测定黏度的关键是什么？为什么？
3. 试述石油产品运动黏度的测定原理。

实验十九　军用柴油馏程的测定

一、实验目的

1. 理解测定军用柴油馏程的意义；
2. 掌握军用柴油馏程的测定方法和操作技能；
3. 掌握军用柴油馏程测定结果的修正与计算方法。

二、实验原理

1. 馏程

一般每个纯净的物质都有一个确定的沸点，但石油产品是一个多组分的混合物，其沸点表现为一个很宽的范围，这个范围就是石油产品的馏程。当加热油品时，首先蒸发出来的是相对分子质量小的、沸点低的组分，随着加热温度的升高，相对分子质量大的、沸点高的组分也逐渐蒸发出来，直到最后最高沸点的物质全部蒸发出来为止。因此，可以说馏程是在一定温度范围内该石油产品中可能蒸馏出来的油品数量和温度的标志。

馏程测定在生产和使用上都有极其重要的意义。①馏程测定是原油评价的重要内容，从所测石油馏分的收率和性质上来确定原油最适宜的加工方案。②馏程测定也是评定油品蒸发性的重要指标，同时也是区分不同油品的重要指标之一。③馏程测定是炼油设计中必不可少的基础数据。④馏程是装置生产操作控制的依据。⑤馏程是判断油品使用性能的重要指标，根据馏程可判断其启动性能、燃烧性能、加速性能、积炭倾向和磨损情况。

2. 馏程的测定方法

我国采用恩氏蒸馏方法，即取 100mL 油品在规定的仪器中，按规定的条件和操作方法进行蒸馏过程。常用的蒸馏过程又可以分为常压蒸馏、减压蒸馏和实沸点蒸馏。蒸馏的测定标准主要有：GB 255《石油产品馏程测定法》、GB/T 6536《石油产品常压蒸馏特性测定法》相当于 ISO3405、ASTM D86，适用于天然汽油（稳定轻烃）、车用汽油、航空汽油、喷气燃料、特殊沸点的溶剂、石脑油、石油溶剂油、煤油、柴油、粗柴油、馏分柴油和相似的石油产品的馏程测定。本标准可以用手工测定，也可以用自动仪器测定。另外还有 GB/T 9168《石油产品减压蒸馏测定法》相当于 ASTM D1160 标准，GB/T 17280《原油蒸馏标准试验方法》相当于 ASTM D2892 标准。

本实验采用 GB 255《石油产品馏程测定法》来测定军用柴油的馏分组成。其基本方法是：将 100mL 油品试样在规定的仪器及实验条件下，按产品的性质要求进行常压蒸馏，读取系统的观察温度和冷凝液体积，然后根据这些数据算出测定结果。

三、实验仪器和材料

① 石油产品馏程测定装置，如图 4-5 所示，符合 SH/T 0121—1992《石油产品馏程测定装置技术条件》的各项规定。

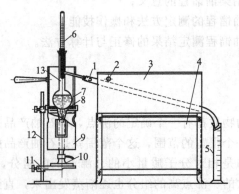

图 4-5　石油产品馏程测定装置图

1—冷凝管；2—排水支管；3—冷凝器；

4—进水支管；5—量筒；6—温度计；

7—上罩；8—石棉垫；9—下罩；10—喷灯；

11—托架；12—支架；13—蒸馏烧瓶

② 秒表。

③ 温度计 分度值为1℃，量程为360℃，符合 GB/T 514《石油产品试验用玻璃液体温度计技术条件》。

④ 油样 军用柴油。

⑤ 蒸馏烧瓶 100mL，特制。

⑥ 量筒 100mL、10mL 各一个。

⑦ 火棉胶、塞子、沸石、硫粉等。

四、实验步骤

1. 实验仪器准备

① 用缠有软布或棉花的铜丝或铝丝擦拭冷凝管内壁。

② 在冷凝槽中注入冷水，直到淹没冷凝管为止。在实验过程中水温应不超过30℃。注意，进水口在水槽底部且有开关，打开冷凝水时注意调节好进水速度，关水时应先关水槽底部开关。

③ 蒸馏烧瓶用轻质汽油洗涤，热空气吹干。必要时，可以用铬酸洗液和碱洗液除去里面的积炭。

④ 用清洁、干燥的 100mL 量筒，准确量取 100mL 试样，并尽可能地将量筒中的试样全部倒入蒸馏瓶中，要注意不能有液体流入烧瓶的支管中，同时，放入几粒沸石。

⑤ 直接将取过试样的量筒放在冷凝管下端的出口，使冷凝管的下端位于量筒的中心，注意暂时不要与量筒壁接触，以便观察第一滴液体滴下。

⑥ 用插好温度计的软木塞（或耐热橡胶塞），紧密地塞在盛有试样的蒸馏烧瓶内，使温度计和蒸馏烧瓶的轴心线相互重合，并且使水银球的上缘与支管焊接处的下边线在同一平面。在软木塞的连接处涂上火棉胶，等溶剂挥发后放上上罩。

⑦ 记录室温和大气压力。

2. 实验内容和步骤

① 加热 打开蒸馏加热开关，调节加热速度，使表头指针处在中部偏大一点的位置，然后开始对蒸馏烧瓶均匀加热。密切注意温度计读数和冷凝管出口：当第一滴馏出液从冷凝管滴入量筒时，记录此时的温度作为初馏点。要求加热速度的调节要保证从开始加热到初馏点的时间为 10～15min。

② 初馏点之后，移动量筒，使其内壁接触冷凝管末端，让馏出液沿着量筒内壁流下。此后，蒸馏速度要均匀，每分钟馏出 4～5mL（相当于每 10s 馏出20～25滴）。

③ 密切注意温度计读数和量筒内馏出液体积，并详细记录在馏出百分数为10％、20％、30％、40％、50％、60％、70％、80％、90％的温度。

④ 当量筒中的馏出液达到 90mL 时，停止加热，让馏出液继续馏出 5min，

然后记录量筒中液体的体积。

⑤ 取出上罩,让蒸馏烧瓶冷却 5min 后,从冷凝管卸下蒸馏烧瓶。取下温度计及瓶塞之后,将蒸馏烧瓶中热的残留物仔细倒入 10mL 量筒内,读取并记录残留物的体积,精确至 0.1mL。

3. 结束实验

清洗仪器,清理物品,恢复实验桌面。

五、实验数据记录及处理

1. 实验数据记录

军用柴油馏程测定实验的各项数据见表 4-3。

表 4-3　军用柴油馏程测定实验的各项数据

试样名称:＿＿＿＿＿＿,　室温:＿＿＿＿＿℃,　大气压力:＿＿＿＿＿kPa

项目	时间	温度计读数 t/℃	项目	时间	温度计读数 t/℃
加热开始			50%		
初馏点			60%		
10%			70%		
20%			80%		
30%			90%		
40%					
残留物体积/mL			馏出总量/mL		

2. 实验数据处理

(1) 蒸馏损失 ΔV

按式(4-6)计算:

$$\Delta V = 100 - (V_{馏出物} + V_{残留物}) \tag{4-6}$$

式中,ΔV 为蒸馏损失,mL;$V_{馏出物}$ 为馏出液的体积,mL;$V_{残留物}$ 为残留物的体积,mL。

(2) 大气压力对馏出温度影响的修正

① 大气压力高于 102.7kPa 或低于 100.0kPa 时,馏出温度所受大气压力的影响按式(4-7)计算修正数 C:

$$C = 0.0009(101.3 - p)(273 + t) \tag{4-7}$$

式中,p 为实验时大气压力,kPa;t 为温度计读数,℃。

② 馏出温度在大气压力 p 时的数据 t 和在 101.3kPa 时的数据 t_0,存在如下的换算关系:

$$t_0 = t + C \tag{4-8}$$

③ 当实际大气压力在 100.0～102.7kPa 范围内,馏出温度不需要进行上述

的修正。

④ 将修正后的实验数据填入表 4-4 中。

表 4-4　军用柴油馏程测定实验的数据处理

试样名称：_____，室内温度_____℃，大气压力：_____kPa

项目	温度计读数 t/℃	修正值 C/℃	修正后的馏出温度 t_0/℃
初馏点			
10%			
20%			
30%			
40%			
50%			
60%			
70%			
80%			
90%			
蒸馏损失/mL			

⑤ 绘制蒸馏曲线　以温度为横坐标，蒸馏体积为纵坐标绘制蒸馏曲线。

六、实验注意事项

① 试验仪器　试验用的蒸馏烧瓶要干净，不许有积炭，否则会降低其导热性；温度计注意正确使用，不要打破水银球；实验前要擦拭冷凝管内壁，清除上次实验残留液体。

② 检查试样的含水情况　若试样含水较多，蒸馏时会在温度计上迅速冷凝，聚成水滴，水滴落在高温的油中，迅速汽化，可造成烧瓶内压力不稳，甚至发生突沸现象，因此，测定前必须检查试样是否有可见水。若有可见水，则需要更换试样。

③ 温度计的安装　水银温度计应位于蒸馏烧瓶的颈部中央，毛细管最低点应该与烧瓶支管内壁底部最高点平齐，如图 4-6 所示。过高或过低将会影响测量温度的偏低或偏高。

④ 加热强度控制　各种石油产品沸点范围不同，对较轻油品，若加热强度过大，会迅速产生大量气体，使烧瓶内压力高于外界大气压，导致相应回收量的温度读数偏高，同时因过热会造成终馏点升高。反之，加热温度不足，会使各馏出温度降低。本实验要求加热速度的调节保证从开始加热到初馏点的时间为 10～15min。

⑤ 蒸馏的油样处理　蒸馏完毕，油样不要倒入水池或下水道，必须将油温降到 100℃ 以下。柴油回收循环使用。

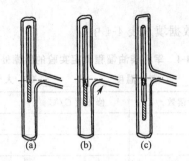

图 4-6　温度计在蒸馏烧瓶颈中的位置

七、思考题

1. 什么是石油产品的馏程？它对油品质量有何影响？

2. 测定石油产品馏程时，应该如何安装温度计？

3. 通过分析实验绘制出的蒸馏曲线，分别找出反映油品点火性能、蒸发性能和燃烧性能的温度值。

实验二十　喷气燃料热值的测定

一、实验目的

1. 理解喷气燃料热值的含义和测定的意义；

2. 掌握弹式量热计法测定喷气燃料热值的方法；

3. 掌握雷诺图法校正温度的方法。

二、实验原理

热值是指单位质量燃料完全燃烧时放出的热量，单位是 $kJ \cdot kg^{-1}$。热值表示了喷气燃料的能量性能，喷气式飞机飞行高、速度快、续航远，这些都需要喷气燃料具有足够的热能转化为动能，因此，热值是喷气燃料的重要指标。

弹式量热计是由氧弹（内有样品盘和点火线）及钢制容器、绝热外套、温度计和搅拌器组成的一种测定物质热值的装置。弹式量热计的构造如图 4-7 所示。

测量时，首先将已经称重的反应物试样放入样品盘中，然后密封氧弹，最后在钢制容器中加入已知质量的水浸没氧弹，精确测定起始温度后用电火花引发反应，反应放出的热量被氧弹和周围的水吸收。根据反应的最终读数（反应最终温度达到最高的读数）以及水和氧弹的热容就可以计算出燃烧热值。

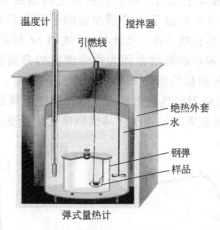

图 4-7　弹式量热计的构造

　　测量的基本原理是能量守恒定律。一定量被测物质在氧弹中燃烧时，所释放的热量使氧弹本身及周围的介质和量热计有关附件（氧弹、水桶、搅拌器以及感温探头等设备）的温度升高，通过测量介质在燃烧前后温度的变化值，就能计算出该样品的热值，得到关系式为：

$$L_{点火丝}Q_{点火丝}+m_{样品}Q_V=(C_水 m_水+C_计)\Delta T \tag{4-9}$$

　　式中，Q_V 为喷气燃料的热值，$Q_{点火丝}=-4.1\text{J}\cdot\text{cm}^{-1}$。记 K 为仪器常数，其数值为：

$$K=C_水m_水+C_计 \tag{4-10}$$

　　要测量样品的热值，就必须先知道量热计的热容 $C_计$，测量的方法是用一定量已知燃烧热的标准物质（常用苯甲酸，其 $Q_V=-26477\text{J}\cdot\text{g}^{-1}$）在相同条件下进行实验，测量其温差，校正为真实温差后代入式(4-9)，算出 $C_计$，从而求出仪器常数 K，就可以用 K 值作为已知数求出待测物的热值，本实验仪器中，K 值为 $15.216\text{kJ}\cdot\text{K}^{-1}$。

　　测定喷气燃料的热值，需要用脱脂棉吸附喷气燃料进行测定，再单独测定脱脂棉的热值，两者的差值即为喷气燃料的热值。

$$Q_{V,喷气燃料}=Q_{V,喷气燃料+脱脂棉}-Q_{V,脱脂棉} \tag{4-11}$$

真实温差的处理方法——雷诺作图法

　　热值测量的基本原理是能量守恒定律，系统除样品燃烧放出热量除引起系统温度升高外还有其他因素，这些因素都须进行校正。这种校正方法是雷诺作图法。

　　称取适量待测物质，使燃烧后水温升高 1.5～2.0℃，将燃烧前后历次观测到的水温记录下来，并作图［如图 4-8(a) 所示］，连成 *abcd* 线。图中 *b* 点相当于开始燃烧的点，*c* 点为观测到的最高温度读数点，由于量热计和外界的热量交换，曲线 ab 及 cd 常常发生倾斜。取 b 点所对应的温度为 T_1，c 点对应的温度为 T_2，其平均温度为 T，经过 T 点作横坐标的平行线 TO，与折线 $abcd$ 相交于 O 点，然后过 O 点作垂直线 AB，此线与 ab 线和 cd 线的延长线交于 E、F 两点，则 E 点和 F 点所表示的温度差即为欲求温度的升高值 ΔT。图 4-8(a) 中，EE' 表示环境辐射进来的量热所造成热量计温度的升高，这部分必须扣除；而 FF' 表示量热计向环境辐射出热量而造成量热计温度的降低，因此这部分必须加入。经过这样校正后的温差表示由于样品燃烧使量热计温度升高的数值。

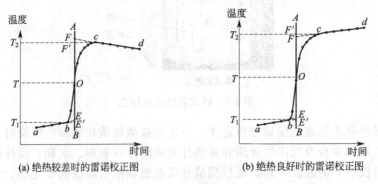

(a) 绝热较差时的雷诺校正图   (b) 绝热良好时的雷诺校正图

图 4-8　雷诺校正图

有时热量计的绝热情况良好，热量散失少，而搅拌器的功率又比较大，这样往往不断引进少量热量，使得燃烧后的温度最高点不明显出现，这种情况下 ΔT 仍然可以按照同法进行校正，如图 4-8(b) 所示。

三、实验仪器和材料

① 弹式量热计测定装置 1 套，主要包括：氧弹、恒温套筒、充氧器和数字温差仪等，其连接方式如图 4-9 所示。

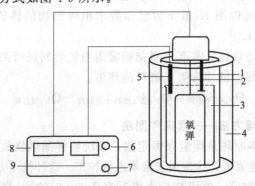

氧弹

图 4-9　实验装置连接图

1—搅拌器；2—导线；3—内筒；4—外筒；5—温度传感器；
6—点火控制按钮；7—搅拌控制按钮；8—温差显示屏；9—温度显示屏

② 分析天平。

③ 氧气钢瓶及减压阀。

④ 容量瓶 1000mL 一个。

⑤ 点火丝。

⑥ 量筒　10mL 一个。

⑦ 主要药品　喷气燃料、脱脂棉。

四、实验内容

1. 脱脂棉热值的测定

① 称样　准确称取约 0.05g 的脱脂棉，并记录其质量。

② 装弹　打开氧弹盖，将氧弹内擦拭干净，特别是电极下端的不锈钢接线柱更应该擦拭干净，把氧弹头放在架子上，将样品放入坩埚内，然后将坩埚放入燃烧架上，量取 12cm 的燃烧丝，将燃烧丝的两端分别与弹头两电极固定，用小镊子将点火丝弯成 V 形，使其低端与样品接触，注意，燃烧丝不能与坩埚壁相碰。在弹杯中注入 10mL 的水，将弹头放入弹杯并小心旋紧氧弹头。

③ 充氧　将充氧器上的导气管与氧气钢瓶的减压阀连接，打开氧气钢瓶阀门和减压阀，开始先充入少量氧气（约 0.5MPa），然后开启出口，借以赶出弹中空气，再在氧弹内充入 1.5～2MPa 的氧气，关闭氧气钢瓶的阀门，用放气阀放掉氧气表中的氧气。

④ 注水　用容量瓶准确量取 3000mL 调好的自来水，注入内筒，水面刚好盖过氧弹，若氧弹有气泡溢出，说明氧弹漏气，并寻找原因排除。将电极插头插在两电极上，电极线嵌入氧弹的槽中，盖上盖子，注意搅拌器不要与弹头相碰。同时将传感器插入内筒水中，此时"点火"指示灯亮起。

⑤ 点火　开启搅拌开关进行搅拌。水温基本稳定后，将仪器"采零"并"锁定"，并记录温度值。按"定时"增减键，设定为 30s。每隔 30s 读温差值一次，直至连续 10 次，水温有规律的微小变化。设置"定时"间隔 15s 一次，按下"点火"键，"点火"灯熄灭，停顿一会儿，点火指示灯又亮起，直到燃烧丝烧断，点火指示灯才熄灭。坩埚内的样品一经燃烧，水温很快上升，点火成功，每隔 15s 记录一次。直到两次读数差值小于 0.002℃。设置间隔 30s，每隔 30s 记录一次温差，连续读 10 个点，直至实验结束。如果水温没有上升，说明点火失败，关闭电源，取出氧弹，用放气阀放出氧气，仔细检查燃烧丝和连接线，找出原因并进行排除。

⑥ 校验　实验结束后，关闭电源，将温度传感器放入外筒，取出氧弹，用放气阀放出氧弹内的余气，旋下氧弹盖，测量燃烧后燃烧丝燃烧的长度，并检查样品燃烧的情况，坩埚内没有残渣说明实验成功，反之实验失败。

2. 喷气燃料热值的测定

称取约 0.05g 脱脂棉，准确称量其质量，放入坩埚中，用滴管滴取约 0.5g 的喷气燃料于脱脂棉中，并准确记录油品的质量。按照 1 中②、③、④、⑤和⑥的步骤测定其燃烧热值。喷气燃料的热值按式(4-11) 计算。

五、实验数据记录及处理

1. 实验数据记录

（1）脱脂棉燃烧热的测定

脱脂棉燃烧热的测定实验数据记录见表 4-5。

表 4-5　脱脂棉燃烧热的测定

脱脂棉质量/g：＿＿＿＿＿，燃烧后点火丝长度/cm：＿＿＿＿＿

时间顺序	1	2	3	4	5	6	7	8	9	10	11	12	13	14	15
温度/℃															
时间顺序	16	17	18	19	20	21	22	23	24	25	26	27	28	29	30
温度/℃															

（2）喷气燃料热值的测定

喷气燃料热值的测定实验数据记录见表 4-6。

表 4-6　喷气燃料热值的测定

油品质量/g：＿＿＿＿＿，脱脂棉的质量/g：＿＿＿＿＿，燃烧后点火丝长度/cm：＿＿＿＿＿

时间顺序	1	2	3	4	5	6	7	8	9	10	11	12	13	14	15
温度/℃															
时间顺序	16	17	18	19	20	21	22	23	24	25	26	27	28	29	30
温度/℃															

2. 实验数据处理

① 用图解法求出脱脂棉燃烧引起的量热计温度的变化值 ΔT_1，计算脱脂棉热值 $Q_{脱脂棉}$。

② 用图解法求出吸附了喷气燃料的脱脂棉燃烧引起的量热计温度的变化值 ΔT_2，计算其热值 $Q_{脱脂棉＋喷气燃料}$。

③ 计算喷气燃料的热值。

附：利用 Origin 软件绘制雷诺图的方法

① 在 Origin 的工作表中输入实验数据，第一列为时间，第二列为温度，并绘制 Line＋Symbol 图。

② 选取点火前实验数据，点击 Origin 工具栏中的 Data Selector，点击光标，

按住 Ctrl 键移动到所需位置点，然后在分析栏中选择线性拟合。

③ 再选择数据菜单中的 Linear Fit1，点击分析菜单中内推与外推工具，弹出窗口，改变最大值与最小值，得到延长的线性拟合曲线；同理处理上半段数据得到另一部分延长的线性拟合曲线。

④ 在曲线上找出"平均温度点"，点击 Origin 工具栏中的 Line Tool，按住 Shift 键画一水平和铅直直线，用 Pointer 移动工具，使水平直线与铅直直线交于"平均温度点"。

⑤ 此时，铅直直线与上下两条拟合曲线的延长线交于两点，利用工具栏中的 Draw Data 工具读出坐标点。

六、实验注意事项

① 样品　待测样品不能盛放过多，0.5g 左右为宜。

② 装氧弹　电极下端的不锈钢接线柱应该擦拭干净。点火丝应紧贴样品，点火后样品才能充分燃烧，但是点火丝不能与坩埚壁相碰。

③ 充氧　充氧时先充入少量氧气（约 0.5MPa），然后开启氧弹进出气口，借以赶出氧弹中的空气，再充入约 1.5～2MPa 的氧气；顺时针旋转氧气钢瓶开关阀关好钢瓶，逆时针旋转减压阀杆关好减压阀。要特别注意安全，开时先开氧气钢瓶，再开减压阀；关时先关钢瓶再关减压阀，实验过程中不要频繁的开关钢瓶和减压阀。

④ 点火　点火后温度急速上升，说明点火成功。若温度不变或有微小变化，说明点火没有成功或样品没充分燃烧。应检查原因并排除。

七、思考题

1. 为什么实验测量得到的温度差值要经过作图法校正？
2. 使用氧气钢瓶和减压阀时有哪些注意事项？
3. 实验中应如何避免不完全燃烧？

附　　录

附录 1　元素的相对原子质量表

元素	符号	相对原子质量	元素	符号	相对原子质量	元素	符号	相对原子质量
银	Ag	107.8682	铕	Eu	151.96	钼	Mo	95.94
铝	Al	26.98154	氟	F	18.988403	氮	N	14.0067
氩	Ar	39.948	铁	Fe	55.847	钠	Na	22.98977
砷	As	74.9216	镓	Ga	69.72	铌	Nb	92.9064
金	Au	196.9665	钆	Gd	157.25	钕	Nd	144.24
硼	B	10.81	锗	Ge	72.59	氖	Ne	20.179
钡	Ba	137.33	氢	H	1.00794	镍	Ni	58.69
铍	Be	9.01218	氦	He	4.00260	镎	Np	237.0482
铋	Bi	208.9804	铪	Hf	178.49	氧	O	15.9994
溴	Br	79.904	汞	Hg	200.59	锇	Os	190.2
碳	C	12.011	钬	Ho	164.9304	磷	P	30.97376
钙	Ca	40.08	碘	I	126.9045	铅	Pb	207.2
镉	Cd	112.41	铟	In	114.82	钯	Pd	106.42
铈	Ce	140.12	铱	Ir	192.22	镨	Pr	140.9077
氯	Cl	35.453	钾	K	39.0983	铂	Pt	195.08
钴	Co	58.9332	氪	Kr	83.80	镭	Ra	226.0254
铬	Cr	51.996	镧	La	138.9055	铷	Rb	85.4678
铯	Cs	132.9054	锂	Li	6.941	铼	Re	186.207
铜	Cu	63.546	镥	Lu	174.967	铑	Rh	102.9055
镝	Dy	162.50	镁	Mg	24.305	钌	Ru	101.07
铒	Er	167.26	锰	Mn	54.9380	硫	S	32.06
锑	Sb	121.75	铽	Tb	158.9254	钨	W	183.85
钪	Sc	44.9559	碲	Te	127.60	氙	Xe	131.29
硒	Se	78.96	钍	Th	232.0381	钇	Y	88.9059
硅	Si	28.0855	铥	Tm	168.9342	镱	Yb	173.04
钐	Sm	150.36	钛	Ti	47.88	锌	Zn	65.38
锡	Sn	118.69	铊	Tl	204.383	锆	Zr	91.22
锶	Sr	87.62	铀	U	238.0289			
钽	Ta	180.9479	钒	V	50.9415			

附录 2　化合物的相对分子质量表

化合物	相对分子质量	化合物	相对分子质量	化合物	相对分子质量
Ag_3AsO_4	462.52	$Ba(OH)_2$	171.34	$CoSO_4 \cdot 7H_2O$	281.10
$AgBr$	187.77	$BaSO_4$	233.39	$CO(NH_2)_2$	60.06
$AgCl$	143.32	$BiCl_2$	315.34	$CrCl_3$	158.36
$AgCN$	133.89	$BiOCl$	260.43	$CrCl_3 \cdot 6H_2O$	266.45
$AgSCN$	165.95	CO_2	44.01	$Cr(NO_3)_3$	238.01
Ag_2CrO_4	331.73	CaO	56.08	Cr_2O_3	151.99
AgI	234.77	$CaCO_3$	100.09	$CuCl$	99.00
$AgNO_3$	169.87	CaC_2O_4	128.10	$CuCl_2$	134.45
$AlCl_3$	133.34	$CaCl_2$	110.99	$CuCl_2 \cdot 2H_2O$	170.48
$AlCl_3 \cdot 6H_2O$	241.43	$CaCl_2 \cdot 6H_2O$	219.08	$CuSCN$	121.62
$Al(NO_3)_3$	213.00	$Ca(NO_3)_2 \cdot 4H_2O$	236.15	CuI	190.45
$Al(NO_3)_3 \cdot 9H_2O$	375.13	$Ca(OH)_2$	74.10	$Cu(NO_3)_2$	187.56
Al_2O_3	101.96	$Ca_3(PO_4)_2$	310.18	$Cu(NO_3)_2 \cdot 3H_2O$	241.60
$Al(OH)_3$	78.00	$CaSO_4$	136.14	CuO	79.55
$Al_2(SO_4)_3$	342.14	$CdCO_3$	172.42	Cu_2O	143.09
$Al_2(SO_4)_3 \cdot 18H_2O$	666.41	$CdCl_2$	183.32	CuS	95.61
As_2O_3	197.84	CdS	144.47	$CuSO_4$	159.60
As_2O_5	229.84	$Ce(SO_4)_2$	332.24	$CuSO_4 \cdot 5H_2O$	249.68
As_2S_3	246.02	$Ce(SO_4)_2 \cdot 4H_2O$	404.30	$FeCl_2$	126.75
$BaCO_3$	197.34	$CoCl_2$	129.84	$FeCl_2 \cdot 4H_2O$	198.81
BaC_2O_4	225.35	$CoCl_2 \cdot 6H_2O$	237.93	$FeCl_3$	162.21
$BaCl_2$	208.24	$Co(NO_3)_2$	182.94	$FeCl_3 \cdot 6H_2O$	270.30
$BaCl_2 \cdot 2H_2O$	244.27	$Co(NO_3)_2 \cdot 6H_2O$	291.03	$FeNH_4(SO_4)_2 \cdot 12H_2O$	482.18
$BaCrO_4$	253.32	CoS	90.99	$Fe(NO_3)_2$	241.86
BaO	153.33	$CoSO_4$	154.99	$Fe(NO_3)_3 \cdot 9H_2O$	404.00

化合物	相对分子质量	化合物	相对分子质量	化合物	相对分子质量
FeO	71.85	H_2SO_3	82.07	$KHC_4H_4O_6$	188.18
Fe_2O_3	159.69	H_2SO_4	98.07	$KHSO_4$	136.16
Fe_3O_4	231.54	$Hg(CN)_2$	252.63	KI	166.00
$Fe(OH)_3$	106.87	$HgCl_2$	271.50	KIO_3	214.00
FeS	87.91	Hg_2Cl_2	472.09	$KIO_3 \cdot HIO_3$	389.91
Fe_2S_3	207.87	HgI_2	454.40	$KMnO_4$	158.03
$FeSO_4$	151.91	$Hg_2(NO_3)_2$	525.19	$KNaC_4H_4O_6 \cdot 4H_2O$	282.22
$FeSO_4 \cdot 7H_2O$	278.01	$Hg_2(NO_3)_2 \cdot 2H_2O$	561.22	KNO_3	101.10
$FeSO_4 \cdot (NH_4)_2SO_4 \cdot 6H_2O$	392.13	$Hg(NO_3)_2$	324.60	KNO_2	85.10
H_3AsO_3	125.94	HgO	216.59	K_2O	94.20
H_3AsO_4	141.94	HgS	232.65	KOH	56.11
H_3BO_3	61.83	$HgSO_4$	296.65	K_2SO_4	174.25
HBr	80.91	Hg_2SO_4	497.24	$MgCO_3$	84.31
HCN	27.03	$KAl(SO_4)_2 \cdot 2H_2O$	474.38	$MgCl_2$	95.21
HCOOH	46.03	KBr	119.00	$MgCl_2 \cdot 6H_2O$	203.30
H_2O_2	62.03	KCl	74.55	MgC_2O_4	112.33
$H_2C_2O_4$	90.04	$KClO_3$	122.55	$Mg(NO_3)_2 \cdot 6H_2O$	256.41
$H_2C_2O_4 \cdot 2H_2O$	126.07	$KClO_4$	138.55	$MgNH_4PO_4$	137.32
HCl	36.46	KCN	65.12	MgO	40.30
HF	20.01	KSCN	97.18	$Mg(OH)_2$	58.32
HI	127.91	K_2CO_3	138.21	$Mg_2P_2O_7$	222.55
HIO_3	175.91	K_2CrO_4	194.19	$MgSO_4 \cdot 7H_2O$	246.47
HNO_3	63.01	$K_2Cr_2O_7$	294.18	$MnCO_3$	114.95
HNO_2	47.01	$K_3Fe(CN)_6$	329	$MnCl_2 \cdot 4H_2O$	197.91
H_2O	18.02	$K_4Fe(CN)_6$	368.35	$Mn(NO_3)_2 \cdot 6H_2O$	287.04
H_2O_2	34.02	$KFe(SO_4)_2 \cdot 12H_2O$	503.24	MnO	70.94
H_3PO_4	98.00	$KHC_2O_4 \cdot H_2O$	146.14	MnO_2	86.94
H_2S	34.08	$KHC_2O_4 \cdot H_2C_2O_4 \cdot 2H_2O$	254.19	MnS	87.00

化合物	相对分子质量	化合物	相对分子质量	化合物	相对分子质量
$MnSO_4$	151.00	$NaHCO_3$	84.01	$Pb(NO_3)_2$	331.21
$MnSO_4 \cdot 4H_2O$	223.06	$Na_2HPO_4 \cdot 12H_2O$	358.14	PbO	223.20
$NaNO_2$	69.00	$NaH_2Y \cdot 2H_2O$	372.24	PbO_2	239.20
NH_3	17.03	$NaNO_3$	85.00	$Pb_3(PO_4)_2$	811.54
NH_4Cl	53.49	Na_2O	61.69	PbS	239.30
$(NH_4)_2CO_3$	96.09	Na_2O_2	77.98	$PbSO_4$	303.30
$(NH_4)_2C_2O_4$	124.10	$NaOH$	40.00	SO_2	64.06
$(NH_4)_2C_2O_4 \cdot H_2O$	142.11	Na_3PO_4	163.94	SO_3	80.06
NH_4SCN	76.12	Na_2S	78.04	$SbCl_2$	228.11
NH_4HCO_3	79.06	$Na_2S \cdot 9H_2O$	240.18	$SbCl_5$	299.02
$(NH_4)_2MoO_4$	196.01	Na_2SO_3	126.04	Sb_2O_3	291.50
NH_4NO_3	80.04	Na_2SO_4	142.04	Sb_2S_3	339.68
$(NH_4)_2HPO_4$	132.06	$Na_2S_2O_3$	158.10	SiF_4	104.08
$(NH_4)_2S$	68.14	$Na_2S_2O_3 \cdot 5H_2O$	248.17	SiO_2	60.08
$(NH_4)_2SO_4$	132.13	$NiCl_2 \cdot 6H_2O$	237.70	$SnCl_2$	189.60
NH_4VO_3	116.98	NiO	74.69	$SnCl_2 \cdot 2H_2O$	225.63
Na_3AsO_3	191.89	$Ni(NO_3)_2 \cdot 6H_2O$	290.79	$SnCl_4$	260.50
$Na_2B_4O_7$	201.22	NiS	90.76	$SnCl_4 \cdot 5H_2O$	350.58
$Na_2B_4O_7 \cdot 10H_2O$	381.37	$NiSO_4 \cdot 7H_2O$	280.86	SnO_2	150.69
$NaBiO_3$	279.97	NO	30.01	SnS_2	150.75
$NaCN$	49.01	NO_3	46.01	$SrCO_3$	147.63
$NaSCN$	81.07	P_2O_5	141.95	SrC_2O_4	175.64
Na_2CO_3	105.99	$PbCO_3$	267.20	$SrCrO_4$	203.61
$Na_2CO_3 \cdot 10H_2O$	286.14	PbC_2O_4	295.22	$Sr(NO_3)_2$	211.63
$Na_2C_2O_4$	134.00	$PbCl_2$	278.10	$Sr(NO_3)_2 \cdot 4H_2O$	283.69
CH_3COONa	82.03	$PbCrO_4$	323.19	$SrSO_4$	183.68
$CH_3COONa \cdot 3H_2O$	136.08	$Pb(CH_3COO)_2$	325.30	$UO_2(CH_3COO)_2 \cdot 2H_2O$	424.15
$NaCl$	58.44	$Pb(CH_3CCOO)_2 \cdot 3H_2O$	379.30	$ZnCO_3$	125.39
$NaClO$	74.44	PbI_2	461.00	ZnC_2O_4	153.40

续表

化合物	相对分子质量	化合物	相对分子质量	化合物	相对分子质量
$ZnCl_2$	136.29	$Zn(NO_3)_2$	189.39	ZnS	97.44
$Zn(CH_3COO)_2$	183.47	$Zn(NO_3)_2 \cdot 2H_2O$	297.48	$ZnSO_4$	161.44
$Zn(CH_3COO)_2 \cdot 2H_2O$	219.50	ZnO	81.38	$ZnSO_4 \cdot 7H_2O$	287.54

附录 3 一些常见弱电解质在水溶液中的 $K_a^\ominus$ 或 $K_b^\ominus$ 值

电解质	酸碱定义式	温度/℃	$K_a^\ominus$ 或 $K_b^\ominus$	$pK_a^\ominus$ 或 $pK_b^\ominus$
乙酸	$HAc \Longrightarrow H^+ + Ac^-$	25	$(K_a^\ominus)1.76 \times 10^{-5}$	4.75
硼酸	$H_3BO_3 \cdot H_2O \Longrightarrow [B(OH)_4]^- + H^+$	20	$(K_a^\ominus)7.3 \times 10^{-10}$	9.14
碳酸	$H_2CO_3 \Longrightarrow H^+ + HCO_3^-$	25	$(K_{a1}^\ominus)4.30 \times 10^{-7}$	6.37
	$HCO_3^- \Longrightarrow H^+ + CO_3^{2-}$	25	$(K_{a2}^\ominus)5.61 \times 10^{-11}$	10.25
氢氰酸	$HCN \Longrightarrow H^+ + CN^-$	25	$(K_a^\ominus)4.93 \times 10^{-10}$	9.31
氢硫酸	$H_2S \Longrightarrow H^+ + HS^-$	18	$(K_{a1}^\ominus)9.1 \times 10^{-8}$	7.04
	$HS^- \Longrightarrow H^+ + S^{2-}$	18	$(K_{a2}^\ominus)1.1 \times 10^{-12}$	11.96
草酸	$H_2C_2O_4 \Longrightarrow H^+ + HC_2O_4^{2-}$	25	$(K_{a1}^\ominus)5.90 \times 10^{-2}$	1.23
	$HC_2O_4^- \Longrightarrow H^+ + C_2O_4^{2-}$	25	$(K_{a2}^\ominus)6.40 \times 10^{-5}$	4.19
甲酸	$HCOOH \Longrightarrow H^+ + HCOO^-$	20	$(K_a^\ominus)1.77 \times 10^{-4}$	3.75
磷酸	$H_3PO_4 \Longrightarrow H^+ + H_2PO_4^-$	25	$(K_{a1}^\ominus)7.52 \times 10^{-3}$	2.12
	$H_2PO_4^- \Longrightarrow H^+ + HPO_4^{2-}$	25	$(K_{a2}^\ominus)6.23 \times 10^{-8}$	7.21
	$HPO_4^{2-} \Longrightarrow H^+ + PO_4^{3-}$	25	$(K_{a3}^\ominus)2.2 \times 10^{-13}$	12.67
亚硫酸	$H_2SO_3 \Longrightarrow H^+ + HSO_3^-$	18	$(K_{a1}^\ominus)1.54 \times 10^{-2}$	1.81
	$HSO_3^- \Longrightarrow H^+ + SO_3^{2-}$	18	$(K_{a2}^\ominus)1.02 \times 10^{-7}$	6.91
亚硝酸	$HNO_2 \Longrightarrow H^+ + NO_2^-$	12.5	$(K_a^\ominus)4.6 \times 10^{-4}$	3.37
氢氟酸	$HF \Longrightarrow H^+ + F^-$	25	$(K_a^\ominus)3.53 \times 10^{-4}$	3.45
硅酸	$H_2SiO_3 \Longrightarrow H^+ + HSiO_3^-$	(常温)	$(K_{a1}^\ominus)2 \times 10^{-10}$	9.70
	$HSiO_3^- \Longrightarrow H^+ + SiO_3^{2-}$	(常温)	$(K_{a2}^\ominus)1 \times 10^{-12}$	12.00
氨水	$NH_3 \cdot H_2O \Longrightarrow NH_4^+ + OH^-$	25	$(K_b^\ominus)1.77 \times 10^{-5}$	4.75

注：数据主要录自 D. R. Lide 著《CRC Handbook of Chemistry and Physics》，第 71 版，1990~1991。

附录 4　一些常见难溶物质的溶度积常数

难溶物质	化学式	温度/℃	$K_s^{\ominus}$
氯化银	$AgCl$	25	1.77×10^{-10}
溴化银	$AgBr$	25	5.35×10^{-13}
碘化银	AgI	25	8.51×10^{-17}
氢氧化银	$AgOH$	20	1.52×10^{-8}
铬酸银	Ag_2CrO_4	25	9.0×10^{-12}
硫酸钡	$BaSO_4$	25	1.07×10^{-10}
碳酸钡	$BaCO_3$	25	2.58×10^{-9}
铬酸钡	$BaCrO_4$	18	1.17×10^{-10}
碳酸钙	$CaCO_3$	25	4.96×10^{-9}
硫酸钙	$CaSO_4$	25	7.1×10^{-5}
磷酸钙	$Ca_3(PO_4)_2$	25	2.07×10^{-33}
氢氧化铜	$Cu(OH)_2$	25	5.6×10^{-20}
硫化铜	CuS	18	1.27×10^{-36}
氢氧化铁	$Fe(OH)_3$	18	2.64×10^{-39}
氢氧化亚铁	$Fe(OH)_2$	18	4.87×10^{-17}
硫化亚铁	FeS	18	4.59×10^{-19}
碳酸镁	$MgCO_3$	12	6.82×10^{-6}
氢氧化镁	$Mg(OH)_2$	18	5.61×10^{-12}
氢氧化锰	$Mn(OH)_2$	18	2.06×10^{-13}
硫化锰	MnS	18	4.65×10^{-14}
硫酸铅	$PbSO_4$	18	1.82×10^{-8}
硫化铅	PbS	18	9.04×10^{-29}
碘化铅	PbI_2	25	8.49×10^{-7}
碳酸铅	$PbCO_3$	18	1.46×10^{-13}
铬酸铅	$PbCrO_4$	18	1.77×10^{-14}
碳酸锌	$ZnCO_3$	18	1.19×10^{-10}
硫化锌	ZnS	18	2.93×10^{-29}
硫化镉	CdS	18	1.40×10^{-29}
硫化钴	CoS	18	3×10^{-26}
硫化汞	HgS	18	$2\times10^{-49}\sim4\times10^{-23}$

附录 5　一些配离子的稳定常数

配离子	$K^{\ominus}$(稳)	配离子	$K^{\ominus}$(稳)
$[Cd(NH_3)_6]^{2+}$	1.4×10^5	$[Hg(CN)_4]^{2-}$	2.51×10^{41}
$[Co(NH_3)_6]^{2+}$	1.29×10^5	$[Ag(SCN)_2]^-$	1.2×10^9
$[Co(NH_3)_6]^{3+}$	1.58×10^{35}	$[Cu(SCN)_2]^-$	1.51×10^5
$[Cu(NH_3)_2]^+$	7.24×10^{10}	$[Hg(SCN)_2]^{2-}$	1.7×10^{21}
$[Cu(NH_3)_4]^{2+}$	2.09×10^{13}	$[Al(OH)_4]^-$	1.07×10^{33}
$[Ni(NH_3)_6]^{2+}$	5.5×10^8	$[Cu(OH)_4]^{2-}$	3.16×10^{18}
$[Pt(NH_3)_6]^{2+}$	1.99×10^{35}	$[Zn(OH)_4]^{2-}$	4.57×10^{17}
$[Ag(NH_3)_2]^+$	1.1×10^7	$[AlF_6]^{3-}$	6.92×10^{19}
$[Zn(NH_3)_4]^{2+}$	2.88×10^9	$[HgCl_4]^{2-}$	1.17×10^{15}
$[Ag(S_2O_3)_2]^{3-}$	2.89×10^{13}	$[PtCl_4]^{2-}$	1.0×10^{16}
$[Ag(CN)_2]^-$	1.26×10^{21}	$[HgBr_4]^{2-}$	1×10^{21}
$[Cu(CN)_2]^-$	1×10^{24}	$[HgI_4]^{2-}$	6.76×10^{29}
$[Fe(CN)_6]^{3-}$	1×10^{42}	$[PbI_4]^{2-}$	1.17×10^4
$[Zn(CN)_4]^{2-}$	5.0×10^{16}	$[Ni(乙二胺)_3]^{2+}$	2.14×10^{18}

附录 6　一些电对的标准电极电势 （298.15K）

电对(氧化态/还原态)	电极反应(氧化态$+z$e$^-$ ⇌ 还原态)	$E^{\ominus}$/V
Li^+/Li	$Li^+ + e^- \rightleftharpoons Li$	-3.04
K^+/K	$K^+ + e^- \rightleftharpoons K$	-2.93
Ba^{2+}/Ba	$Ba^{2+} + 2e^- \rightleftharpoons Ba$	-2.90
Ca^{2+}/Ca	$Ca^{2+} + 2e^- \rightleftharpoons Ca$	-2.76
Na^+/Na	$Na^+ + e^- \rightleftharpoons Na$	-2.71
Mg^{2+}/Mg	$Mg^{2+} + 2e^- \rightleftharpoons Mg$	-2.37
Al^{3+}/Al	$Al^{3+} + 3e^- \rightleftharpoons Al$	-1.662
Mn^{2+}/Mn	$Mn^{2+} + 2e^- \rightleftharpoons Mn$	-1.185
$H_2O/H_2(g)$	$2H_2O + 2e^- \rightleftharpoons H_2(g) + 2OH^-$	-0.827
Zn^{2+}/Zn	$Zn^{2+} + 2e^- \rightleftharpoons Zn$	-0.762
Cr^{3+}/Cr	$Cr^{3+} + 3e^- \rightleftharpoons Cr$	-0.74
Fe^{2+}/Fe	$Fe^{2+} + 2e^- \rightleftharpoons Fe$	-0.447
Cd^{2+}/Cd	$Cd^{2+} + 2e^- \rightleftharpoons Cd$	-0.403
Co^{2+}/Co	$Co^{2+} + 2e^- \rightleftharpoons Co$	-0.28

电对(氧化态/还原态)	电极反应(氧化态 $+z$e$^-$ $\Longrightarrow$ 还原态)	$E^{\ominus}/V$
Ni^{2+}/Ni	Ni$^{2+}+2$e$^-$ $\Longrightarrow$ Ni	-0.257
Sn^{2+}/Sn	Sn$^{2+}+2$e$^-$ $\Longrightarrow$ Sn	-0.138
Pb^{2+}/Pb	Pb$^{2+}+2$e$^-$ $\Longrightarrow$ Pb	-0.126
H$^+$/H$_2$(g)	2H$^++2$e$^-$ $\Longrightarrow$ H$_2$	0.0000
S$_4$O$_6^{2-}$/S$_2$O$_3^{2-}$	S$_4$O$_6^{2-}+2$e$^-$ $\Longrightarrow$ 2S$_2$O$_3^{2-}$	$+0.08$
S/H$_2$S	S(s)$+2$H$^++2$e$^-$ $\Longrightarrow$ H$_2$S(aq)	$+0.142$
Sn^{4+}/Sn^{2+}	Sn$^{4+}+2$e$^-$ $\Longrightarrow$ Sn^{2+}	$+0.151$
Cu^{2+}/Cu$^+$	Cu$^{2+}+$e$^-$ $\Longrightarrow$ Cu$^+$	$+0.158$
SO$_4^{2-}$/H$_2$SO$_3$	SO$_4^{2-}+4$H$^++2$e$^-$ $\Longrightarrow$ H$_2$SO$_3+$H$_2$O	$+0.172$
AgCl/Ag	AgCl(s)$+$e$^-$ $\Longrightarrow$ Ag$+$Cl$^-$	$+0.222$
Hg$_2$Cl$_2$/Hg	Hg$_2$Cl$_2$(s)$+2$e$^-$ $\Longrightarrow$ 2Hg(l)$+2$Cl$^-$	$+0.2681$
Cu^{2+}/Cu	Cu$^{2+}+2$e$^-$ $\Longrightarrow$ Cu	$+0.3419$
O$_2$(g)/OH$^-$	O$_2$(g)$+2$H$_2$O(l)$+4$e$^-$ $\Longrightarrow$ 4OH$^-$	$+0.401$
H$_2$SO$_3$/S	H$_2$SO$_3+4$H$^++4$e$^-$ $\Longrightarrow$ S$+3$H$_2$O	$+0.45$
Cu$^+$/Cu	Cu$^++$e$^-$ $\Longrightarrow$ Cu	$+0.521$
I$_2$(s)/I$^-$	I$_2$(s)$+2$e$^-$ $\Longrightarrow$ 2I$^-$	$+0.536$
H$_3$AsO$_4$/H$_3$AsO$_3$	H$_3$AsO$_4+2$H$^++2$e$^-$ $\Longrightarrow$ H$_3$AsO$_3+$H$_2$O	$+0.56$
MnO$_4^-$/MnO$_2$(s)	MnO$_4^-+2$H$_2$O$+3$e$^-$ $\Longrightarrow$ MnO$_2$(s)$+4$OH$^-$	$+0.60$
O$_2$(g)/H$_2$O$_2$	O$_2$(g)$+2$H$^++2$e$^-$ $\Longrightarrow$ H$_2$O$_2$	$+0.695$
Fe^{3+}/Fe^{2+}	Fe$^{3+}+$e$^-$ $\Longrightarrow$ Fe^{2+}	$+0.771$
Hg$_2^{2+}$/Hg	Hg$_2^{2+}+2$e$^-$ $\Longrightarrow$ 2Hg	$+0.797$
Ag$^+$/Ag	Ag$^++$e$^-$ $\Longrightarrow$ Ag	$+0.800$
Hg^{2+}/Hg	Hg$^{2+}+2$e$^-$ $\Longrightarrow$ Hg	$+0.851$
NO$_3^-$/NO(g)	NO$_3^-+4$H$^++3$e$^-$ $\Longrightarrow$ NO(g)$+2$H$_2$O	$+0.957$
HNO$_2$/NO(g)	HNO$_2+$H$^++$e$^-$ $\Longrightarrow$ NO(g)$+$H$_2$O	$+0.983$
Br$_2$(l)/Br$^-$	Br$_2$(l)$+2$e$^-$ $\Longrightarrow$ 2Br$^-$	$+1.066$
MnO$_2$(s)/Mn^{2+}	MnO$_2$(s)$+4$H$^++2$e$^-$ $\Longrightarrow$ Mn$^{2+}+2$H$_2$O	$+1.224$
O$_2$(g)/H$_2$O	O$_2$(g)$+4$H$^++4$e$^-$ $\Longrightarrow$ 2H$_2$O	$+1.229$
Cr$_2$O$_7^{2-}$/Cr^{3+}	Cr$_2$O$_7^{2-}+14$H$^++6$e$^-$ $\Longrightarrow$ 2Cr$^{3+}+7$H$_2$O	$+1.232$
Cl$_2$(g)/Cl$^-$	Cl$_2$(g)$+2$e$^-$ $\Longrightarrow$ 2Cl$^-$	$+1.358$
PbO$_2$(s)/Pb^{2+}	PbO$_2$(s)$+4$H$^++2$e$^-$ $\Longrightarrow$ Pb$^{2+}+2$H$_2$O	$+1.46$
ClO$_3^-$/Cl$_2$(g)	2ClO$_3^-+12$H$^++10$e$^-$ $\Longrightarrow$ Cl$_2$(g)$+6$H$_2$O	$+1.47$
MnO$_4^-$/Mn^{2+}	MnO$_4^-+8$H$^++5$e$^-$ $\Longrightarrow$ Mn$^{2+}+4$H$_2$O	$+1.507$
HOCl/Cl$_2$(g)	2HOCl$+2$H$^++2$e$^-$ $\Longrightarrow$ Cl$_2$(g)$+2$H$_2$O	$+1.63$
Au$^+$/Au	Au$^++$e$^-$ $\Longrightarrow$ Au	$+1.68$
H$_2$O$_2$/H$_2$O	H$_2$O$_2+2$H$^++2$e$^-$ $\Longrightarrow$ 2H$_2$O	$+1.776$
Co^{3+}/Co^{2+}	Co$^{3+}+$e$^-$ $\Longrightarrow$ Co^{2+}	$+1.808$
S$_2$O$_8^{2-}$/SO$_4^{2-}$	S$_2$O$_8^{2-}+2$e$^-$ $\Longrightarrow$ 2SO$_4^{2-}$	$+2.010$
F$_2$(g)/F$^-$	F$_2$(g)$+2$e$^-$ $\Longrightarrow$ 2F$^-$	$+2.866$

附录 7 不同温度时水的饱和蒸气压

温度/℃	饱和蒸气压/Pa	温度/℃	饱和蒸气压/Pa
1	657.727	19	2197.146
2	705.273	20	2338.468
3	757.269	21	2486.455
4	813.264	22	2643.775
5	871.926	23	2809.094
6	934.587	24	2983.746
7	1001.248	25	3167.731
8	1073.242	26	3361.047
9	1147.902	27	3565.030
10	1227.895	28	3779.679
11	1311.888	29	4004.993
12	1402.547	30	4242.306
13	1497.206	31	4504.950
14	1598.531	32	4754.262
15	1705.188	33	5030.239
16	1817.179	34	5318.215
17	1937.168	35	5623.522
18	2063.824	36	5940.828

[1] 龚福忠. 大学基础化学实验[M]. 武汉：华中科技大学出版社，2008.

[2] 龚雪东. 大学化学实验1基础知识与技能[M]. 北京：化学工业出版社，2007.

[3] 彭新华. 大学化学实验2合成实验技术[M]. 北京：化学工业出版社，2007.

[4] 王风云. 大学化学实验3测试实验与技术[M]. 北京：化学工业出版社，2007.

[5] 居学海. 大学化学实验4综合与设计性实验[M]. 北京：化学工业出版社，2007.

[6] 田玉美. 新大学化学实验[M]. 北京：科学出版社，2005.

[7] 安立华,等. 大学化学综合实验[M]. 长沙：国防科技大学，1999.

[8] 杨宏秀,等. 大学化学[M]. 天津：天津大学出版社，2001.

[9] 华东理工大学化学系，四川大学化工学院. 分析化学[M]. 北京：高等教育出版社，1978.

[10] 华彤文，等. 普通化学原理[M]. 北京：北京大学出版社，1989.

[11] 严宣申，等. 普通化学原理[M]. 北京：北京大学出版社，1987.

[12] 吴艳波，李艳生. 油品化学及应用[M]. 北京：中国石化出版社，2011.

[13] 余红伟. 化学原理与应用[M]. 北京：化学工业出版社，2015.

[14] 魏徵，余红伟，晏欣，等. 喷气燃料热值实验室测定研究[J]. 实验技术与管理，2014, 31(7)：50-52.

[15] 魏徵，晏欣，李红霞，等. "化学反应摩尔焓变的测定"实验优化[J]. 实验科学与技术，2013, 11(3)：55-57.

[16] 魏徵，肖玲，李红霞. 测定醋酸质子转移平衡常数的方法[J]. 实验室科学，2013, 16(6)：19-21.